Marion Hermann-Röttgen / Gero Kerig (Hrsg.)

Besser hören – besser zuhören – besser lernen

Marion Hermann-Röttgen / Gero Kerig (Hrsg.)

Besser hören – besser zuhören – besser lernen

Vier Studien zum Thema

Akustik und Lernverhalten

opus magnum – Edition Amici

Bibliografische Information der Deutschen Nationalbibliothek

Die Deutsche Nationalbibliothek verzeichnet diese Publikation in der Deutschen Nationalbibliografie; detaillierte bibliografische Daten sind im Internet über http://dnb.d-nb.de abrufbar.

© 2015 by opus magnum, Stuttgart (www.opus-magnum.de)

Version 1.01. Alle Rechte vorbehalten

Die Abbildungen in diesem wissenschaftlichen Werk dienen als Zitate und stammen aus den Privatarchiven der Verfasser wie auch aus lizenzfreien Quellen des Internet.

Umschlagabbildung: Phonak GmbH

Lektorat und Satz: Holger Steinemann

Herstellung: Book on Demand GmbH, Norderstedt

ISBN 978-3-95612-102-9

Inhalt

Einleitung

In dem vorliegenden Band stellen wir vier kürzlich durchgeführte Studien vor, die sich unter unterschiedlichen Schwerpunkten dem Thema Hören widmen. Es wurde dabei die Möglichkeit genutzt, die akustische Situation in öffentlichen Räumen durch technische Unterstützung zu verbessern. Die Verbesserung wurde durch den Einsatz des Raumbeschallungssystems „Dynamic SoundField Anlagen" (DSF) der Firma Phonak erreicht, das neben der Entlastung der Stimme des Pädagogen durch die Art der Schallausbreitung und die automatische Anhebung der Sprechlautstärke zu besserer Sprachverständlichkeit und einem durchschnittlich geringeren Lärmpegel in den Räumlichkeiten führte. In allen Fällen konnte signifikant nachgewiesen werden, dass selbst eine minimal verbesserte Hörsituation sich eklatant auf Konzentration, Lernvermögen und sogar Sozialverhalten auswirkt.

Soziologisch betrachtet, ist das Phänomen Hören hochaktuell. Durch die wachsende Alterspyramide leben schwerhörige Menschen unter uns, die aktiv am gesellschaftlichen Leben teilnehmen wollen. Ergänzt wird diese Zahl durch Jugendliche und Kinder, die durch extreme Lautstärke in zum Beispiel Discotheken oder überhöhte Einstellung in Kopfhörern irreversible Hörverluste erleiden. All diese Menschen bedürfen zusätzlich zu denen, die angeboren oder durch Erkrankungen hörgeschädigt sind, unserer Unterstützung.

Der medizinische Fortschritt kann häufig durch vorzügliche Hörgeräte oder gar bei Gehörlosen durch Cochlea-Implantate Abhilfe schaffen. Jedoch werden keinesfalls alle Probleme gelöst. Die seit Kurzem auch in Deutschland eingeführte inkludierende Pädagogik ermöglicht Kindern mit Behinderung aller Art, in Regelschulen ausgebildet zu werden – Chance, aber auch Herausforderung für Eltern und Pädagogen. Die neue Situation macht eine andere Didaktik in der Lehre und bauliche Veränderungen der schulischen Räumlichkeiten zwingend notwendig. Dazu gehört neben akustischen Aufrüstungen auch die technische Möglichkeit, Hörgeschädigte durch drahtlose Übertragungsanlagen (häufig als „FM-

Anlagen" bezeichnet) am Unterricht teilnehmen zu lassen. Technische Innovationen, wie die DSF-Anlage, stellen eine Unterstützung für normal hörende Menschen unter den neuen pädagogischen Anforderungen dar, wie unter anderem durch die folgenden Testungen belegt wird.

Die erste Studie weist nach, dass die Arbeitsbedingungen der Lehrkräfte und die Lernbedingungen der Schüler in der Grundschule unter dem Einsatz von DSF erheblich verbessert werden. Zudem bietet die Studie eine wissenschaftlich fundierte Beschreibung und Erklärung der technisch-physikalischen Funktion der DSF-Anlage.

Die zweite Studie zeigt, dass sich auch eine kurzzeitige akustische Verbesserung in Kindergärten auf den zeitlichen Ablauf der kindlichen Sprachentwicklung beschleunigend auswirkt, insbesondere bei benachteiligten Kindern. In deutschen Einrichtungen für Klein- und Vorschulkinder wird derzeit eine „offene Pädagogik" bevorzugt. Kinder entscheiden selbst, in welchem Raum mit speziellen Förderangeboten sie sich aufhalten wollen. Ausgewählt wurden daher Institutionen, in denen die Kinder noch nach traditionellem Muster mindestens vier Stunden im selben Raum spielen.

Die dritte Studie wurde an Gymnasien unterschiedlichen Charakters durchgeführt. In Form von Diktaten wurde überprüft, ob die Fehlermenge sich durch die Unterstützung und Entlastung der Lehrerstimme verbessert. In beiden Schulen ergab sich ein signifikantes Ergebnis. Nicht nur die phonetischen Fehler verringerten sich, sondern die Leistungen stiegen insgesamt.

Der vierte Test hatte einen anderen Charakter. In drei Wiener Gymnasien wurden DSF-Anlagen zur Verfügung gestellt. Die Schüler hatten Gelegenheit, sich zu der veränderten Unterrichtssituation zu äußern. Im Anschluss wurden bei Hörspaziergängen verschiedene Raumsituationen der Stadt aufgesucht und von den Schülern akustisch bewertet. Die aus psycho-sozialer Sicht interessanten Ergebnisse bestätigen die dringende Notwendigkeit einer interdisziplinär angelegten Lärmforschung.

Marion Hermann-Röttgen
Juli 2015

Studie I:

SoundField-Systeme – Möglichkeiten der akustischen Verbesserung von Schulräumen und der pädagogische Nutzen in Grundschulklassen

Florian Krieger

Inhalt

1 Einleitung

Bei Planung, Bau und Einrichtung von Schulen und Klassenräumen wurde aus gestalterischen Gründen und wegen Kosteneinsparungen keine Rücksicht auf eine gute akustische Umsetzung genommen. Die oft alte Bausubstanz bietet meist große, hallige Räume mit glatten, reflektierenden Oberflächen. Und auch in der heutigen Zeit wird trotz des Wissens um diese Probleme in der Planung wenig Rücksicht darauf genommen. Die Schwierigkeiten, welche aus dieser Situation entstehen, sind weitreichend und betreffen viele Bereiche des Schulalltags. Da Sprecherziehung für Lehrkräfte meist nicht verpflichtend zum Lehramtsstudium gehört, sind viele von ihnen durch ihre stimmlichen Anstrengungen stark belastet. Die Aufmerksamkeit der Schülerinnen und Schüler ist in vielen Situationen nur mit erhobener Stimme zu erlangen. Die schlechten akustischen Bedingungen im Klassenraum zwingen die Lehrkräfte, sich stimmlich stark anzustrengen, um für alle Schüler gleichermaßen gut verständlich zu sein. Aus dieser Dauerbelastung resultieren häufig negative gesundheitliche Folgen für die Lehrkräfte. Die akustischen Bedingungen wirken sich jedoch auch auf den Schulalltag der Schülerinnen und Schüler aus. Der herrschende Hintergrundgeräuschpegel liegt häufig über dem für geistige Tätigkeiten empfohlenen maximalen Wert von 55 dB(A). Dadurch lässt die Aufmerksamkeit der Schülerinnen und Schüler in den letzten Stunden stark nach. Zusätzlich entscheidet die Sitzposition häufig über die Qualität des Sprachsignals und kann Einfluss auf die Lernleistungen nehmen. Die Raumakustik kann durch die Installation von Akustikdecken zwar verbessert werden, jedoch sind diese Maßnahmen kostenintensiv und bringen nicht in allen Bereichen die gewünschte Verbesserung.

SoundField-Systeme werden in den USA und England schon seit Langem in Klassenräumen verwendet, um die Lehrkräfte stimmlich zu entlasten und um das Signal-Rausch-Verhältnis (SNR), also das Verhältnis von Sprache gegenüber Störlärm, zu verbessern. Der Einsatz von SoundField-Systemen brachte jedoch auch unerwünschte Nachteile mit sich. Die fest einstellbare Verstärkung wirkt sich negativ auf den Dauerschallpegel und den Hintergrundgeräuschpegel während der Schulstunden aus. Durch falsche Positionierung können unerwünschte Reflexionen im Klassenraum entstehen. Diese Faktoren können zu einer Steigerung der bestehenden Probleme führen. Durch einen zu hohen Dauerschallpegel sind Lehrkräfte, Schülerinnen und Schüler einer noch größeren psychischen Belastung ausgesetzt und ermüden schneller. Die Lehrkräfte versuchen den zu geringen SNR durch größeren stimmlichen Einsatz auszugleichen, was den gewünschten stimmschonenden Effekt eines SoundField-Systems außer Kraft setzt.

Die akustische Situation in Klassenräumen wurde bereits durch verschiedene Studien erarbeitet (MacKenzie et al., 1999; Schönwälder et al., 2004). Diese Umstände wirken sich sowohl auf Schülerinnen und Schüler als auch auf die Lehrkräfte negativ aus. Die Firma Phonak hat die Schwierigkeiten von bisherigen SoundField-Systemen aufgenommen und versucht, sie durch technische Weiterentwicklung zu beheben. Diese Studie beschäftigt sich allgemein mit der Anwendung von SoundField-Systemen in Klassenräumen unter Verwendung von „Dynamic SoundField-Systemen" der Firma Phonak. Das SoundField-System verspricht, ein SNR von +10 dB zu schaffen, was durch die ständige Messung des aktuellen Pegels und die darauf automatisch reagierende Verstärkungseinstellung erreicht wird. Ein gutes SNR ist besonders für Schülerinnen und Schüler jüngeren Alters extrem wichtig, da die kognitive Verknüpfungsleistung noch nicht abgeschlossen ist. Sie sind also noch nicht in der Lage, akustisch nicht verstandene Satzteile durch Erfahrungswerte oder logische Ergänzung auszufüllen. Aus diesem Grund fiel die Entscheidung darauf, die Studie in Grundschulklassen durchzuführen, um das SoundField-System unter schwierigen Bedingungen testen zu können. Die Studie teilt sich in zwei Komponenten. Der erste Teil besteht aus objektiven Messungen. Hier werden die Nachhallzeit jedes Schulraums und der Dauerschallpegel jeder Klasse mit und ohne SoundField-System gemessen. Der zweite Teil beinhaltet subjektive Messungen, in Form eines Fragebogens vor Installation der SoundField-Systeme und eines Fragebogens nach der Installation.

2 Theoretische Grundlagen

2.1 Lärm in Schulen

Lärm in Schulen ist von ganz eigenem Charakter und von daher messtechnisch schwieriger zu bestimmen als zum Beispiel industrielle Lärmquellen. Es gibt viele Definitionen von Lärm, welche zeigen, wie unterschiedlich man sich dem Thema nähern kann.

„Lärm [...] ist jeder Schall, der zu einer Beeinträchtigung des Hörvermögens oder zu einer sonstigen mittelbaren oder unmittelbaren Gefährdung von Sicherheit und Gesundheit [...] führen kann." (LärmVibrationsArbSchV, 2007)

Die in der Lärm- und Vibrations-Arbeitsschutzverordnung gelieferte Definition von Lärm beschreibt Spitzenwerte und Dauerschallpegel, welche nicht überschritten werden dürfen, um Gesundheitsschädigungen durch Lärm am Arbeitsplatz vorzubeugen. Diese Werte finden zwar auch in der Schule Anwendung, werden jedoch noch nicht in einer Häufigkeit erreicht, die einen Hörverlust begründen könnte. Es ist nicht diese Form des Lärms, welche sich in Schulen so negativ bemerkbar macht. Vielmehr sind es die Geräusche, die die Kommunikation stören und Denkprozesse unterbrechen oder erschweren. Dies beschreibt schon Arthur Schopenhauer, ohne die Thematik des Schullärms zu meinen.

„Der Lärm ist die impertinenteste aller Unterbrechungen, da er sogar unsere eigenen Gedanken unterbricht, ja, zerbricht." (Arthur Schopenhauer)

Eine Definition, welche sich aus der Thematik des Schullärms ergeben hat, beschreibt genau, um welche Art von Lärm es sich hier handelt: Es sind störende oder leistungseinschränkende Schallereignisse oder Pegel, welche hier gemeint sind. Diese sind jedoch schwierig zu isolieren, um Pegelmessungen durchführen zu können, da sie meist, wie das Nutzsignal auch, aus Sprache bestehen und individuell ganz verschieden ausfallen.

„Lärm ist ein unerwünschtes Geräusch, das zu einer Belästigung, Störwirkung, Beeinträchtigung der Leistungsfähigkeit, besonderen Unfallgefahren oder Gesundheitsschäden führt." (Hoffmann et al., 1999)

Eine Annäherung an dieses Thema bietet die Arbeitsschutzverordnung, in der 55 dB(A) Hintergrundgeräuschpegel für überwiegend geistige Tätigkeiten vorgeschrieben sind (ArbStättV, 1975). Hier wird jedoch schon seit Langem eine Anpassung der Beurteilungspegel auf 35–45 dB(A) gefordert, um auch auf die Schwierigkeiten in Schulen eingehen zu können. Schullärm wirkt sich im Wesentlichen auf zwei Bereiche im Schulalltag aus. Zum einen sind die Lehrkräfte davon betroffen, da sie gegen den herrschenden Hintergrundgeräuschpegel anreden müssen und so täglich einer großen physischen und psychischen Belastung ausgesetzt sind, welche sich auf Dauer gesundheitsschädigend auswirken kann. Verschiedene Einflussfaktoren und Arten von Lärm sind in Abbildung 1 dargestellt. Die Dysregulation beschreibt Stressprozesse, welche durch Lärm ausgelöst werden und auch zu chronisch angehobenem Stressempfinden führen können (Oberdörster et al., 2006).

Zum anderen sind die Schüler betroffen, die durch die – bereits 1999 von MacKenzie und Airey beschriebenen – Verhältnisse in Schulen erschwerte Lernbedingungen vorfinden (MacKenzie et al., 1999). Unter den Schülerinnen und Schülern sind vor allem die betroffen, welche sich noch im Spracherwerb befinden, da diese auf ein größeres SNR angewiesen sind, um Informationen verlustfrei aufnehmen zu können (Spreng, 2002). Kinder befinden sich bis zum vierzehnten Lebensjahr im Spracherwerb, sind also bis dahin auf ein besseres SNR angewiesen (Leistner et al., 2006). Die Thematik von Lärm in Schulen ist schwer mit einer allgemeingültigen Lösung zu versehen, da die Schwierigkeiten vielschichtig sind.

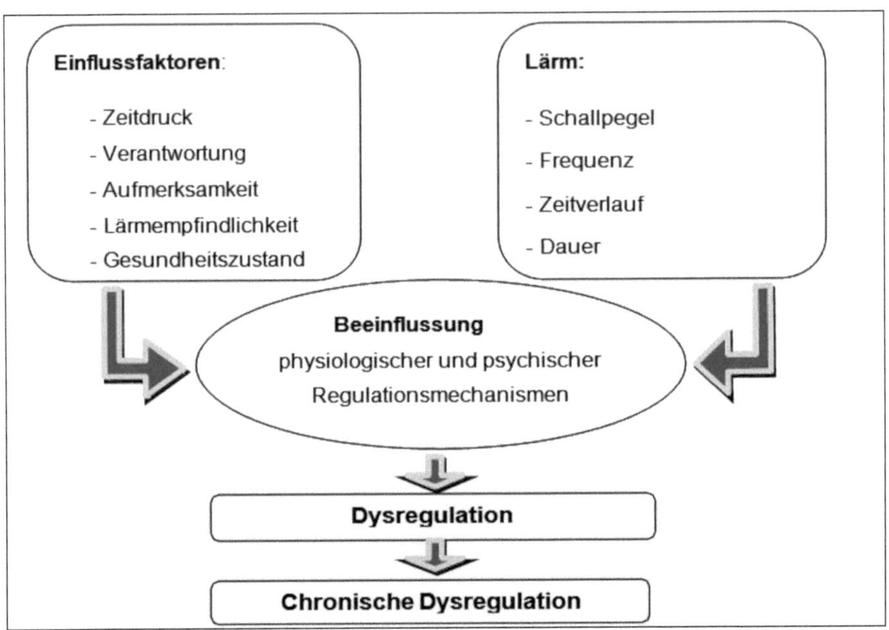

Abb. 1: Stresserzeugende Wirkungen von Lärm, modifiziert von Sust und Lazarus, 1997 (Oberdörster et al., 2006)

2.2 Die technischen Eigenschaften von Dynamic SoundField

Grundsätzlich werden die normalen Elemente eines SoundField-Systems auch in Dynamic SoundField verwendet. Es besteht aus einem Mikrofon, welches am Kopf beziehungsweise an der Kleidung getragen wird und die Sprache entsprechend aufnimmt. Die aufgenommenen Sprachsignale werden mittels eines Kabels an einen drahtlosen digitalen Sender (Roger inspiro) geleitet und von dort aus per digitaler Funkübertragung an einen Lautsprecher (DigiMaster 5000) übertragen. Dieser Lautsprecher überträgt das verstärkte Signal in den Klassenraum. Die technischen Neuerungen in Dynamic SoundField realisieren, unabhängig vom herrschenden Hintergrundgeräuschpegel, zu jeder Zeit ein SNR von +10 dB, ferner werden unerwünschte Schallreflexionen vermindert und hierdurch auch der Störlärm (Reflexionen = Störlärm) weiter reduziert.

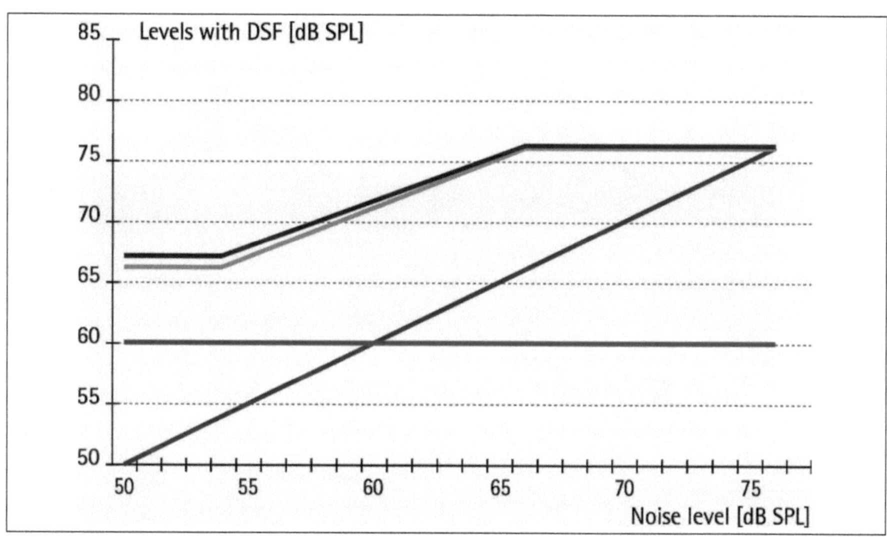

Abb. 2: Dynamisches Verhalten des Dynamic SoundField-Systems (Quelle: Phonak GmbH)

Um ein dauerhaftes SNR von +10 dB schaffen zu können, ist auf der gesichtsfernen Seite des Mikrofons ein zusätzliches Messmikrofon installiert, das den im Klassenzimmer herrschenden Geräuschpegel misst. Aus dem gemessenen Geräuschpegel wird mittels eines Algorithmus (Dynamic Speech Extractor) der Hintergrundgeräuschpegel ermittelt und mit dem Sprachsignalpegel der Lehrkraft verglichen. Dieser Abgleich wird im 5-Sekunden-Takt vorgenommen. Ab einem Hintergrundgeräuschpegel von 54 dB(A) wird das Sprachsignal automatisch so verstärkt, dass sich ein SNR von +10 dB ergibt (Abb. 2). Bei Hintergrundgeräuschpegeln kleiner 54 dB(A) ist das SNR höher, da die Differenz zwischen Hintergrundgeräuschpegel und Sprachsignal, welches bei normal lauter Sprache circa 65 dB(A) beträgt, mindestens 10 dB beträgt und damit schon die Bedingung des Algorithmus erfüllt. In Abbildung 3 wird dargestellt, wie sich die dynamische Anpassung des verstärkten Sprachsignals auf den Hintergrundpegel auswirkt. Hier wird deutlich, dass das Sprachsignal im Gegensatz zur statischen Verstärkung nicht im Hintergrundgeräuschpegel untergeht, sondern auf ihn reagiert und das angestrebte SNR von +10 dB herstellt,

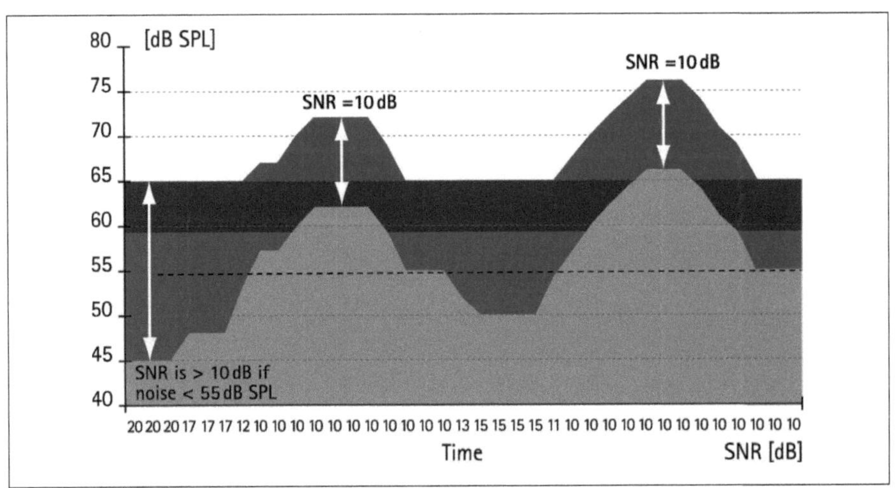

Abb. 3: Dynamic SoundField passt sich dem Umgebungslärm an (Quelle: Phonak GmbH)

womit immer ein klares Sprachverstehen, unabhängig von den verschiedenen Umgebungsgeräuschen im Raum, gewährleistet ist. Zur Verbesserung des Sprachsignals in schwierigen Situationen trägt unter anderem ein zweiter Algorithmus (Dynamic Equalizer) bei. Dieser Algorithmus ist ebenfalls abhängig vom gemessenen Hintergrundgeräuschpegel. Bei höheren Pegeln wird mittels eines Hochpassfilters die Grenzfrequenz zu höheren Frequenzen verschoben, um den Fokus des Sprachsignals auf die für das Sprachverstehen wichtigen Konsonanten zu legen (Abb. 4).

Zusätzlich zu diesem Algorithmus ist der Lautsprecher so konstruiert, dass 12 Lautsprecher in vertikaler Richtung angeordnet sind und so eine linienförmige Quelle bilden. Eine linienförmige Quelle bietet einige Eigenschaften, die sich positiv auf den Unterricht auswirken. Normale Lautsprecher strahlen, ausgehend von einer Punktschallquelle, sphärisch ab, d. h., sie erzeugen eine Schallwelle, die horizontal wie vertikal gleich expandiert. Aufgrund dieses Verhaltens nimmt der Schallpegel bei Abstandsverdopplung um 6 dB ab. Eine Linienschallquelle kommt dann zustande, wenn zusammenhängende Lautsprecher eine kohärente (gleichphasig zusammenhängende) Wellenfront erzeugen (Müller et al., 2004). Man spricht dann von einer Zylinderwelle, die die Eigenschaft hat, nur

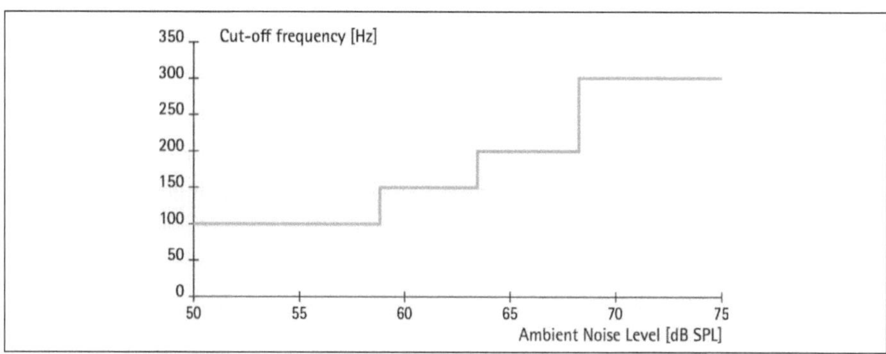

Abb. 4: Die Grenzfrequenz des Dynamic Equalizer steigt mit zunehmendem Umgebungsrauschen (Quelle: Phonak GmbH)

horizontal zu expandieren. Dies bringt den Vorteil mit sich, dass bei Abstandsverdopplung nur 3 dB Pegelverlust entstehen (Abb. 5) und somit an allen Orten, zum Beispiel im Klassenraum (Sitzposition!), eine fast identische Sprachlautstärke übertragen wird. Weitere unerwünschte Nebeneffekte wie Auslöschungen oder Nebenmaxima treten ebenfalls nicht auf. Solche Lautsprechersysteme werden als Problemlöser in anspruchsvollen Beschallungsanlagen verwendet (Müller et al., 2004).

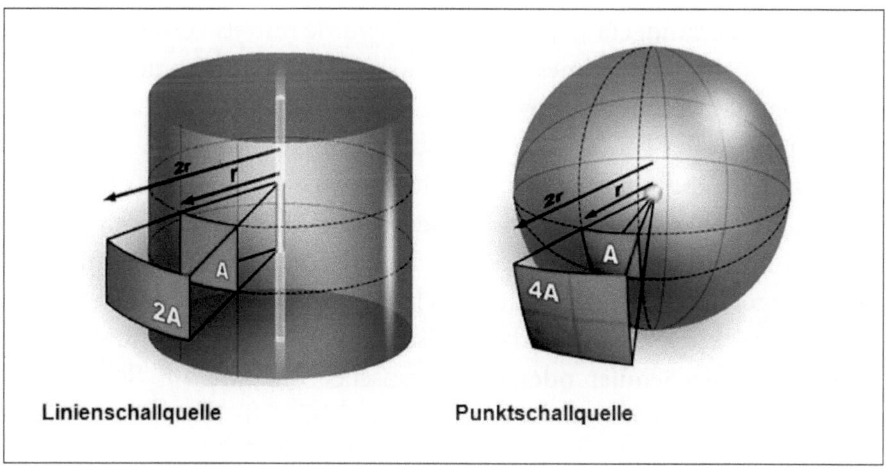

Abb. 5: Prinzip der Linienschallquelle und der Punktschallquelle (Lampert, 2006)

3 Vorbereitung

Die Studie begann mit einer ausführlichen Planung der Rahmenbedingungen und der zu klärenden Inhalte. Die Inhalte ergaben sich vornehmlich aus den technischen Neuerungen des Systems. Es sollte geklärt werden, wie sich die adaptiv arbeitende Verstärkung und der Lautsprecher auf den Dauerschallpegel (LAeq) sowie auf den Hintergrundgeräuschpegel auswirken. Um hier eine Entwicklung feststellen zu können, sollte innerhalb einer „normalen" Schulstunde der Dauerschallpegel ermittelt werden. Die erste Messung musste ohne SoundField-System durchgeführt werden. Die Messung sollte in Absprache mit dem betreffenden Lehrer in einer Stunde durchgeführt werden, die sowohl Frontalunterricht als auch offene Gesprächsrunden oder Gruppenarbeiten beinhaltet, um eine repräsentative Messung zu erhalten. Nach der Installation des SoundField-Systems und einer Testphase von sechs Wochen, in der die Lehrkräfte mit dem Sound-Field-System arbeiten konnten, sollte die Messung erneut durchgeführt werden. Um diese Werte vergleichen zu können, mussten die zweiten Messungen beim selben Lehrer in derselben Klasse/Schulstunde und im selben Fach vorgenommen werden. Dies bedurfte einer genauen Planung und Koordination der gesamten Studie.

Der Hintergrundgeräuschpegel (LA90) wurde mittels Perzentil-Analyse aus der Dauerschallpegelmessung abgeleitet. Hierfür sollte der Wert der 90. Perzentile herangezogen werden. Die 90. Perzentile gibt an, welcher Pegel in 90 % der gemessenen Zeit überschritten wird. Zusätzlich sollte in jedem Klassenraum die Nachhallzeit gemessen werden, um erstens die Klassenräume klassifizieren und zweitens Grenzbereiche des SoundField-Systems feststellen zu können. Alle weiteren Fragestellungen, wie die Bewertungen der Lehrkräfte zur durch die stimmlichen Anstrengungen verursachten körperlichen und psychischen Belastung, die Aufmerksamkeitsspanne der Schüler oder die akustische Situation im Schulalltag, sollten mittels eines Fragebogens geklärt werden.

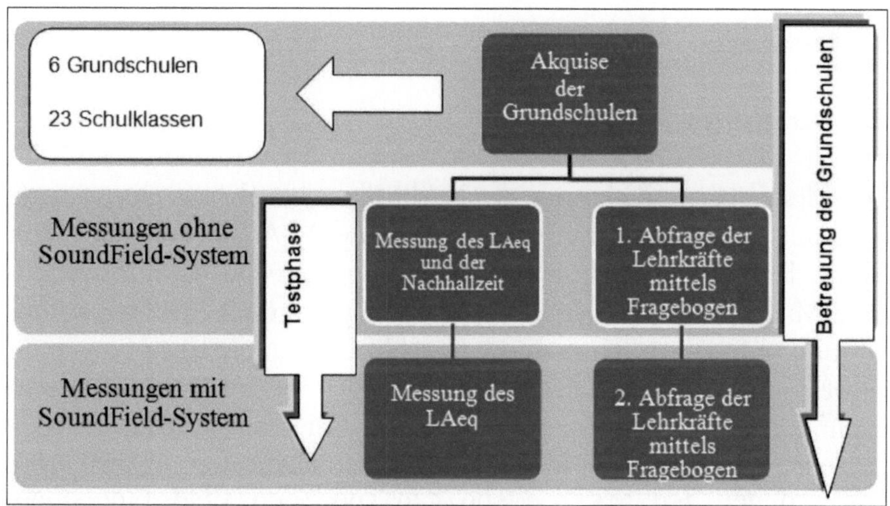

Abb. 6: Ablaufdiagramm der Studie

4 Messaufbau

4.1 Nachhallzeit (T60)

Der Messaufbau zur Messung der Nachhallzeit besteht aus einem Notebook mit angeschlossener externer Soundkarte (M-Audio, Fast Track Pro). An der Soundkarte ist zur Messung der Impulsantwort ein nicht gerichtetes Mikrofon (Behringer EMC 8000) angeschlossen. Die Mikrofonposition ist in jedem Raum mittig gewählt. Über das MatLab-Programm „Reverberation Balloon", das auf einem Programm von Edward L. Zechmann basiert, wird die Messung gesteuert. Gemessen werden für jeden Raum die Nachhallzeiten für fünfundzwanzig Frequenzen (63, 80, 100, 125, 160, 200, 250, 315, 400, 500, 630, 800, 1000, 1250, 1600, 2000, 2500, 3150, 4000, 5000, 6300, 8000, 10000, 12500 und 16000 [Hz]), wovon die Terzbänder von 100 Hz bis 5000 Hz in die Mittelung eingehen (DIN, 2008). Der anregende Impuls wird mittels einer Starterklappe generiert. Die Anregung des Raums mit Starterklappe ist für eine kurze Nachhallzeitmessung laut Norm zulässig (DIN, 2008), da mit ihr eine Abklingkurve 35 dB oberhalb des Störgeräuschpegels sichergestellt werden kann. Die Messung soll in jedem Raum mit einer Sendeposition und einer Empfängerposition durchgeführt werden. Die Norm fordert für eine kurze Nachhallzeiten-Messung mindestens zwei Mikrofonpositionen (DIN, 2008). In dieser Studie war es aus zeitlichen Gründen nicht möglich, an mehreren Mikrofonpositionen zu messen, da die kurzen Pausen zwischen den Stunden hierfür genutzt wurden. Die Nachhallzeit sollte in dieser Studie verwendet werden, um die verschiedenen Klassenräume miteinander vergleichen zu können und um Zusammenhänge mit der Funktion der Anlage und der Belastung der Lehrkräfte herstellen zu können. Trotz Abweichung von der Norm zur Messung von Nachhallzeiten kann diese Messung innerhalb der Studie verwendet werden, da keine Vergleiche zu anderen Studien oder Messungen bezüglich der Nachhallzeit gezogen werden.

4.2 Dauerschallpegel (LAeq), Hintergrundgeräuschpegel (LA90)

Der LAeq wird mit einem Brüel&Kjaer Hand-held Analyzer 5503 gemessen. Bei der Positionierung des Pegelmessers muss darauf geachtet werden, dass er wenig Aufmerksamkeit erregt, um die Messung nicht durch aufgeregte Schülerinnen und Schüler zu verfälschen. Der Pegelmesser wurde bei der Messung mit SoundField-System an der gleichen Stelle angebracht wie vor Installation der SoundField-Systeme. Die Position des Pegelmessers war immer auf Kopfhöhe der Schüler gewählt und außerhalb des direkten Schallfeldes. Die genaue Einweisung der Lehrkräfte ist sehr wichtig. Sie wurden angewiesen, die gemessenen Schulstunden so zu gestalten, dass sowohl Frontalunterricht als auch offene Gesprächsrunden oder Gruppenarbeit enthalten sein sollten, um repräsentative Messungen zu erhalten. Der LAeq wurde einmal ohne SoundField-System während einer Unterrichtsstunde gemessen und leitete eine sechswöchige Testphase ein, in der sich Lehrkräfte, Schülerinnen und Schüler an den Einsatz eines SoundField-Systems gewöhnen konnten. Die zweite Messung wurde mit SoundField-System durchgeführt und stellte die Vergleichsmessung dar. Aus den gemessenen Pegeln wurde anschließend mittels Perzentil-Analyse der Hintergrundgeräuschpegel ermittelt. Die prozentuale Pegelverteilung konnte mit der Software des Hand-held Analyzer 5503 ausgelesen werden.

4.3 Fragebogen

Der Fragebogen begann mit allgemeinen Fragen zur Schulanschrift, zum Namen der Lehrkraft und zum Datum. Anschließend wurde die Lehrkraft über die Vorgehensweise instruiert und darauf hingewiesen, dass bei Fragen Rücksprache mit dem Betreuer des Feldtests gehalten werden kann. Dessen Name, Telefonnummer und E-Mail-Adresse waren angegeben. Der Fragebogen umfasste zwei Teile. Der erste Teil bestand aus neun Aussagen zu Situationen im Unterricht, welche ohne und mit SoundField-System bewertet werden sollten. Den Bewertungen der Aussagen mit SoundField-System war eine zusätzliche Frage beigefügt. Diese sollte klären, wie häufig das SoundField-System im Unterricht eingesetzt wurde (immer; −80 %; −60 %; −40 %; −20 %; nie). In die Auswertung gingen ausschließlich Fragebögen der Lehrkräfte ein, welche das SoundField-System in mindestens 60 % der Unterrichtszeit eingesetzt hatten. Die Bewertung der Situationen erfolgte durch Ankreuzen einer Skala, die fünf verschiedene Antwortmöglichkeiten bietet (sehr oft; oft; manchmal; selten; nie). Die Aussagen waren klar und unmissverständlich gestellt, um Irritationen zu vermeiden. Der zweite Teil wurde ausschließlich bei der Abfrage mit SoundField-System zur Beantwortung ausgeteilt. Dieser Teil umfasste acht Aussagen, welche sich mit der Bedienung und Funktionalität des SoundField-Systems und mit dem Einfluss des SoundField-Systems auf die Schülerinnen und Schüler beschäftigte. Die Aussagen wurden durch Ankreuzen von den Lehrkräften bestätigt (trifft zu), nicht bestätigt (trifft nicht zu), oder die Aussagen wurden als nicht beobachtet (weder/noch) gekennzeichnet.

5 Ergebnisse und Auswertung

5.1 Ergebnisse der objektiven Messungen

	LAeq 1./dB(A)	LAeq 2./dB(A)	T_{60}/s		LA90 1./dB(A)	LA90 2./dB(A)
1	68,1	59,8	0,81	1	45,4	49,8
2	62,5	60,5	0,28	2	32,4	41
3	68	62,5	0,32	3	54,4	36,2
4	58,8	60,4	0,51	4	49,6	43,2
5	58,6	70,4	0,46	5	43,6	44
6	66	65,4	0,67	6	44	47,8
7	68,8	67,4	0,65	7	39,8	39,6
8	61,8	59,9	0,48	8	30,4	44,2
9	58,7	59,1	0,49	9	41,1	40,6
10	75,7	68,6	0,49	10	49	48
11	61,1	61,8	0,72	11	39,4	41
12	66,9	67,8	0,62	12	49,6	52,4
13	68,5	60	0,71	13	43,4	42,6
14	71,3	68,6	0,6	14	51,2	50,8
15	60,4	69,6	0,81	15	41,6	47,8
16	73,8	73	0,75	16	52,4	50,8
17	67,1	68,5	0,8	17	49,4	46,8
18	62,8	58,4	0,29	18	45,8	43,2
19	64,2	65,7	0,69	19	47,8	43,6
20	62,7	62,6	0,66	20	41	43,6
LAeq Ø	65,29	64,5		LA90 Ø	44,565	44,85
		-0,79				0,285

Tab. 1: Ergebnisse der objektiven Messungen

Die in dieser Tabelle dargestellten Daten beinhalten alle in den zwanzig Grundschulklassen gemessenen objektiven Messergebnisse. Sie bestehen in Spalte zwei und drei aus dem LAeq1. ohne SoundField-System und dem LAeq2. mit SoundField-System sowie deren gelb unterlegten Mittelwerten. Nach demselben Prinzip sind die Ergebnisse der Perzentil-Analyse in den Spalten sieben und acht dargestellt. Die Mittelwerte hier sind ebenfalls gelb unterlegt. In Spalte fünf ist in T60/s zu jeder Klasse die zugehörige Nachhallzeit aufgetragen. Die Entwicklung des Dauerschallpegels und des Hintergrundgeräuschpegels ist in der letzten Zeile dargestellt. In die Auswertung sind nur zwanzig der dreiundzwanzig gemessenen Grundschulklassen einbezogen worden. Drei Klassen mussten ausgeschlossen werden, da die Rahmenbedingungen der Studie nicht eingehalten werden konnten. Eine Klasse konnte aufgrund der Erkrankung einer Lehrkraft beim Termin der zweiten Messung nicht gemessen werden. Die anderen beiden Klassen konnten aufgrund der Fragebögen nicht mit in die Auswertung aufgenommen werden. Die unterrichtenden Lehrkräfte gaben an, das SoundField-System nur in 20 % der Unterrichtszeit eingesetzt zu haben.

5.2 Dauerschallpegel (LAeq), Hintergrundgeräuschpegel (LA90)

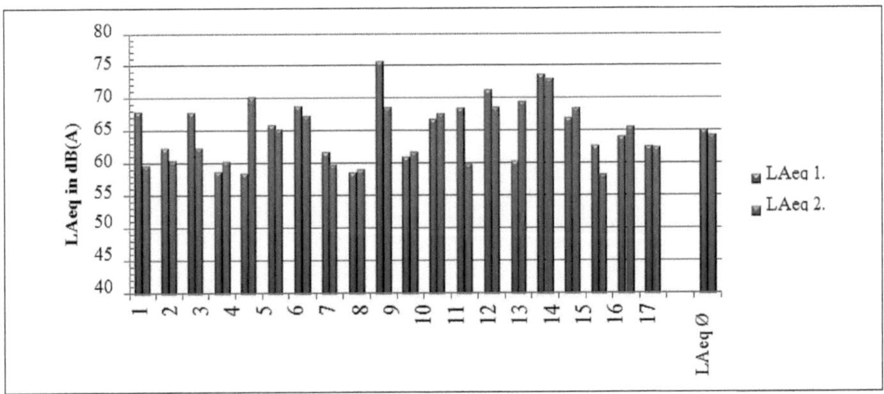

Abb. 7: Dauerschallpegel-Entwicklung

Die Abbildungen 7 und 8 basieren auf den Daten aus Tabelle 1 und zeigen zwanzig gemessene Klassenräume, die in die Auswertung der objektiven Messungen mit eingegangen sind. Auf der Abszisse sind von eins bis zwanzig die verschiedenen Klassen aufgetragen. Zu jeder gemessenen Klasse ist die Messung ohne (blau) SoundField-System und mit (rot) aufgetragen. An der rechten Seite ist der Durchschnitt aller Klassen ohne und mit SoundField-System angegeben. Auf der Ordinate ist die gemessene Lautstärke in dB(A) erfasst. Abbildung 7 zeigt die Messergebnisse der Dauerschallpegelmessungen. Abbildung 8 stellt die Ergebnisse der Perzentil-Analyse dar.

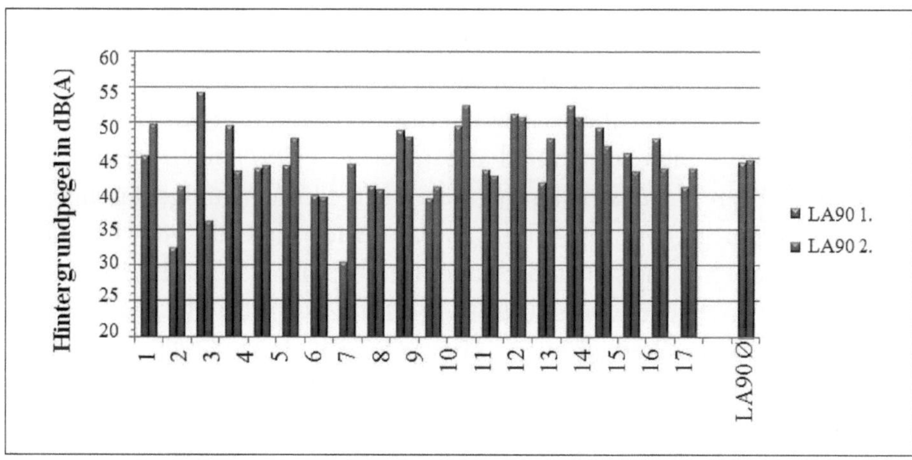

Abb. 8: Hintergrundgeräuschpegel-Entwicklung

Die Auswertung der gemessenen Pegel ergibt sowohl für den Dauerschallpegel als auch für den Hintergrundgeräuschpegel keine große Veränderung. Der Dauerschallpegel nimmt im Mittel um 0,79 dB(A) ab, und der Hintergrundgeräuschpegel nimmt um 0,29 dB(A) zu. Die Messergebnisse sind vor dem Hintergrund, dass ein stimmverstärkendes System verwendet wurde, positiv zu bewerten, da trotz der verstärkten Lehrerstimme weder der Dauerschallpegel noch der Hintergrundgeräuschpegel angestiegen sind. Diese Werte implizieren, dass bei einer verstärkten und im ganzen Raum präsenten Lehrerstimme die Schülerinnen und Schüler ruhiger werden.

5.3 Ergebnisse der subjektiven Messungen

5.3.1 Ergebnisse zur Qualität der Arbeitsbedingungen der Lehrkräfte

„Bei der Festlegung des Beurteilungspegels sind nur die Geräusche der Betriebseinrichtungen in den Räumen und die von außen auf die Räume einwirkenden Geräusche zu berücksichtigen" (ArbStättV, 1975). Da die Messung der Dauerschallpegel, also auch der Hintergrundgeräuschpegel, diesen Anforderungen entspricht, können die Ergebnisse basierend auf der Arbeitsstättenverordnung bewertet werden. Die mittels Perzentil-Analyse ermittelten Hintergrundgeräuschpegel liegen im Mittel bei 45 dB(A). Die Arbeitsstättenverordnung schreibt einen Beurteilungspegel von 55 dB(A) für Arbeitsstätten mit überwiegend geistigen Tätigkeiten vor (ArbStättV, 1975). Jedoch gehen Sust und Lazaraus et al. (1997) noch weiter und fordern für den Unterricht an Schulen einen Hintergrundgeräuschpegel (Beurteilungspegel) von 30–35 dB(A). Und auch die DIN 18041 fordert für die Wahrnehmung schwieriger oder fremdsprachiger Texte einen Hintergrundgeräuschpegel von $\leq$30 dB(A) (DIN, 2004). Da alle gemessenen Hintergrundpegel oberhalb dieser Grenze liegen, zielen die Fragen an die Lehrkräfte auf eine qualitative Veränderung der Arbeitsbedingungen.

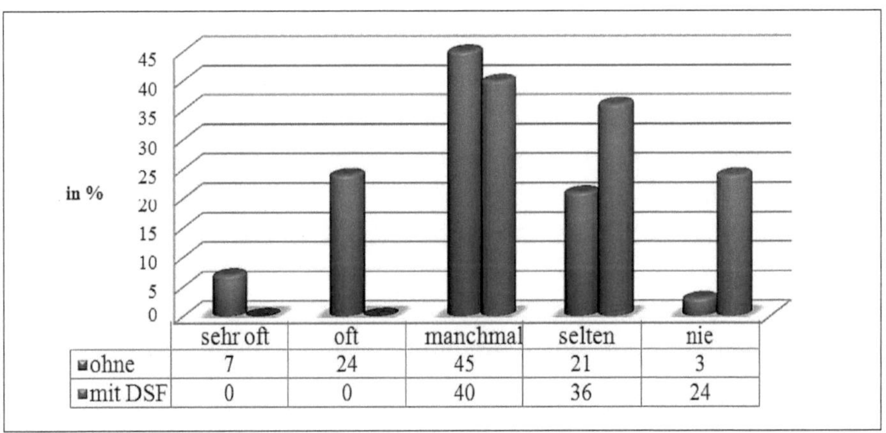

	sehr oft	oft	manchmal	selten	nie
ohne	7	24	45	21	3
mit DSF	0	0	40	36	24

Abb. 9: Psychische Belastung der Lehrkräfte durch Lärm

Im Schulalltag sind gemäß der ersten Abfrage ohne SoundField-System 31 % der Lehrkräfte oft bis sehr oft durch den herrschenden Dauerschallpegel psychisch belastet. Zusätzlich sind 45 % der Lehrkräfte manchmal belastet. Unter Verwendung des SoundField-Systems verbessert sich das Empfinden der Lehrkräfte deutlich. Keine der befragten Lehrkräfte gibt mehr an, „oft" bis „sehr oft" psychisch belastet zu sein, und auch der Anteil der „manchmal" belasteten Lehrkräfte nimmt um 5 % ab (Abb. 9).

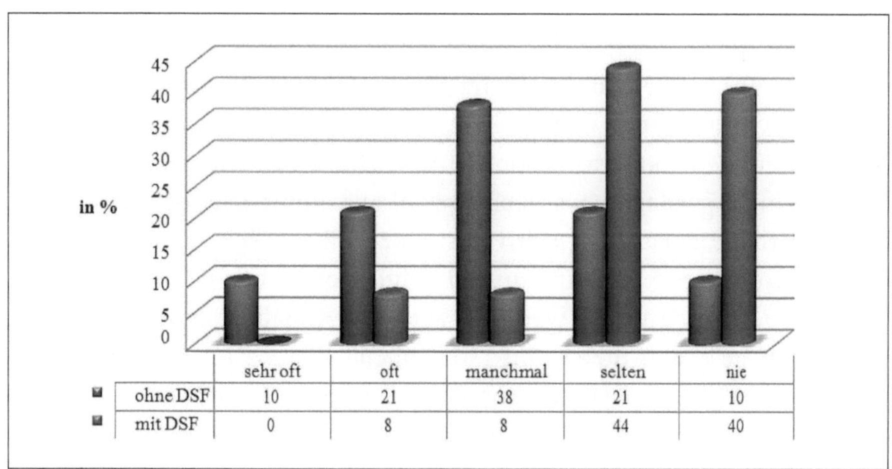

Abb. 10: Körperliche Belastung der Lehrkräfte

Eine ähnliche Entwicklung ist im Bereich der körperlichen Belastung zu verzeichnen (Abb. 10). Hier sind ebenfalls 31 % der Lehrkräfte „oft" bis „sehr oft" durch die dauerhafte Lärmbelastung körperlich beeinträchtigt, was sich durch den Einsatz dieses SoundField-Systems stark zum Positiven verändert. Nach der Testphase mit dem SoundField-System geben 84 % der Lehrkräfte an, „selten" bis „nie" körperlich belastet zu sein.

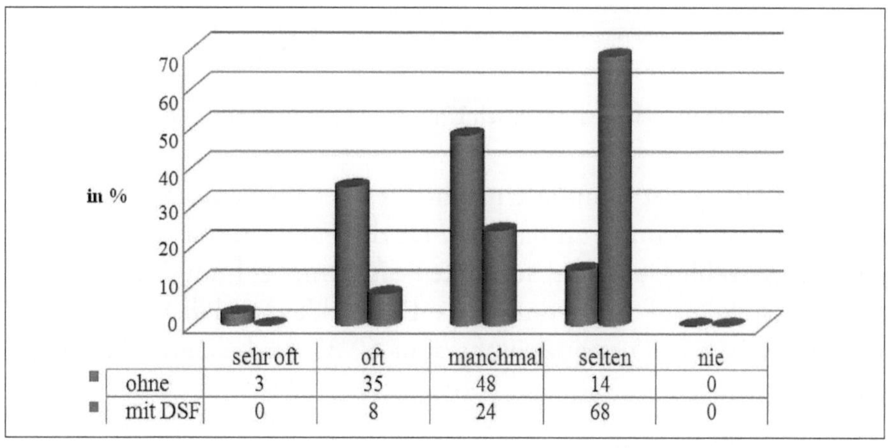

Abb. 11: Wiederholung von Instruktionen aufgrund akustischer Verständnisprobleme

Dazu trägt unter anderem die akustische Verständlichkeit im kompletten Klassenraum bei, die von den Lehrkräften mit SoundField-System als gut bewertet wird. So sind durch akustische Verständnisprobleme bedingte Wiederholungen von Instruktionen (Abb. 10) mit SoundField-System erheblich zurückgegangen, was sich sowohl auf die psychische als auch auf die körperliche Belastung positiv auswirken dürfte. Stresssituationen, die durch Unruhe der Schülerinnen und Schüler entstehen (Abb. 12), gehen ebenfalls deutlich zurück. Dadurch wird die Annahme unterstützt, dass die Lehrkräfte durch die erhöhte stimmliche Präsenz im Klassenzimmer die Klasse besser kontrollieren können. So geben 48 % der Lehrkräfte an, dass sich die Disziplin der Schülerinnen und Schülern verbessert habe (Abb. 14).

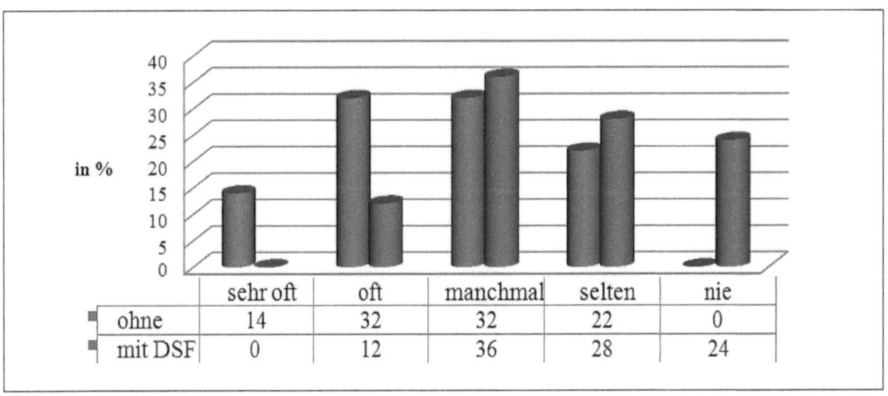

	sehr oft	oft	manchmal	selten	nie
ohne	14	32	32	22	0
mit DSF	0	12	36	28	24

Abb. 12: Stresssituationen, bedingt durch Unruhe der Schülerinnen und Schüler

Die Verstärkung der Stimme ermöglicht es der Lehrkraft, leiser zu sprechen und so die Stimme zu schonen. Da der Fokus der Aussprache nicht mehr hauptsächlich auf der Lautstärke liegt, kann bei Einweisungen mehr Aufmerksamkeit auf die Betonung, die Deutlichkeit und den Inhalt gelegt werden (Abb. 13). Dieser Meinung sind 60 % der befragten Lehrkräfte (Abb. 15).

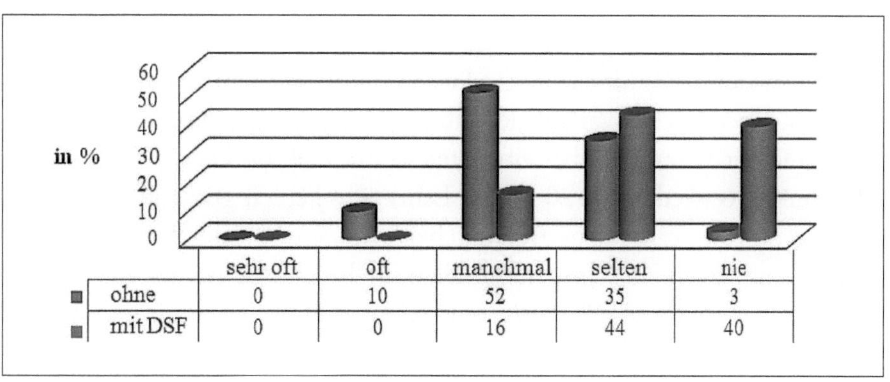

	sehr oft	oft	manchmal	selten	nie
ohne	0	10	52	35	3
mit DSF	0	0	16	44	40

Abb. 13: Behinderung der Einweisungen durch stimmliche Belastung

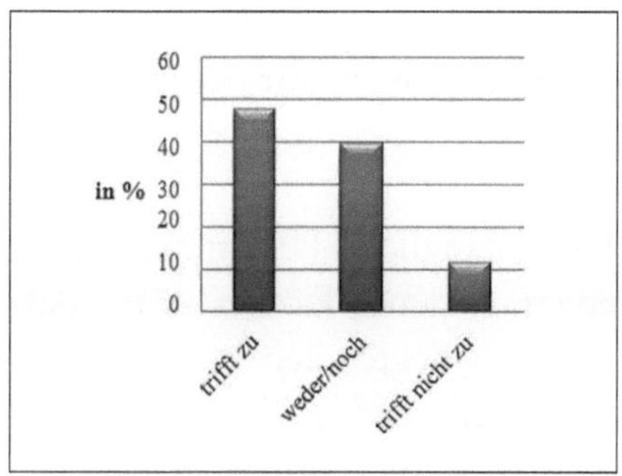

Abb. 14: „Meiner Meinung nach hat sich die Disziplin der Schülerinnen und Schüler verbessert."

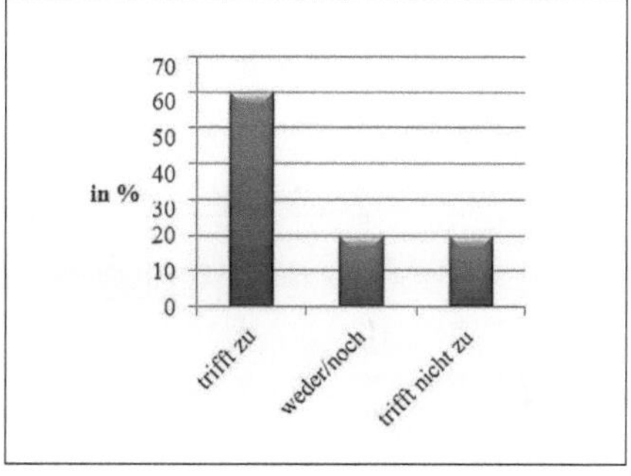

Abb. 15: „Meiner Meinung nach kann ich mich besser auf Inhalte und Einweisungen konzentrieren."

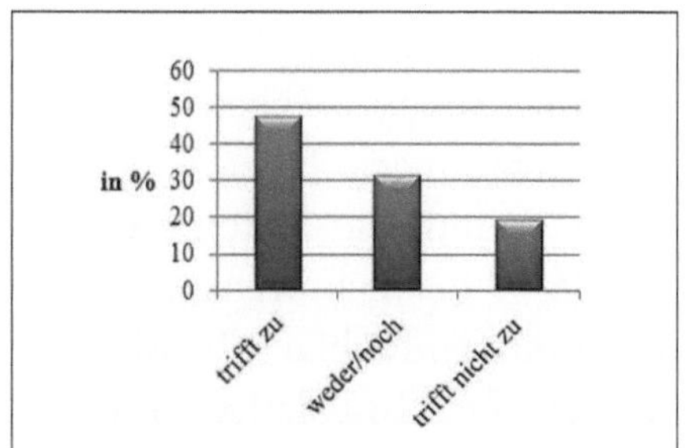

Abb. 16: „Meiner Meinung nach ist der Tragekomfort der SoundField-Anlage gut."

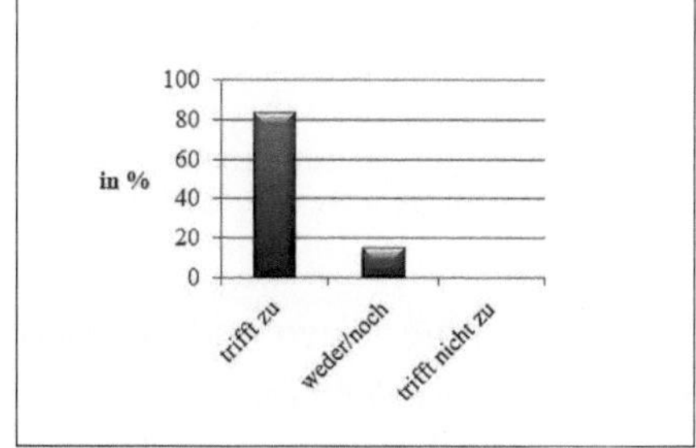

Abb. 17: „Meiner Meinung nach ist die SoundField-Anlage einfach in der Bedienung."

Den Tragekomfort des Headsets beschrieben einige Lehrkräfte als drückend und ungewohnt. Die Situation, ein Headset im Unterricht zu tragen, normalisierte sich jedoch im Verlauf der Studie. Jedoch klagte ein nicht unerheblicher Teil der Befragten über ein stetiges Druckgefühl. Dies spiegelt sich in Abbildung 16 wieder, wo 20 % der Lehrkräfte keinen guten Tragekomfort bestätigen. Von der Bedienerfreundlichkeit des SoundField-Systems sind 82 % überzeugt (Abb. 17). Insgesamt fallen die Ergebnisse positiv aus. Gerade im Bereich der psychischen und physischen Entlastung lassen sich sowohl aus den Fragebögen als auch aus Gesprächen mit den Lehrkräften positive Entwicklungen ablesen. Einige Lehrkräfte beschreiben es so, als würde die Anspannung während des Unterrichts von ihnen abfallen.

5.3.2 Ergebnisse zur Qualität der Lernbedingungen für Schülerinnen und Schüler

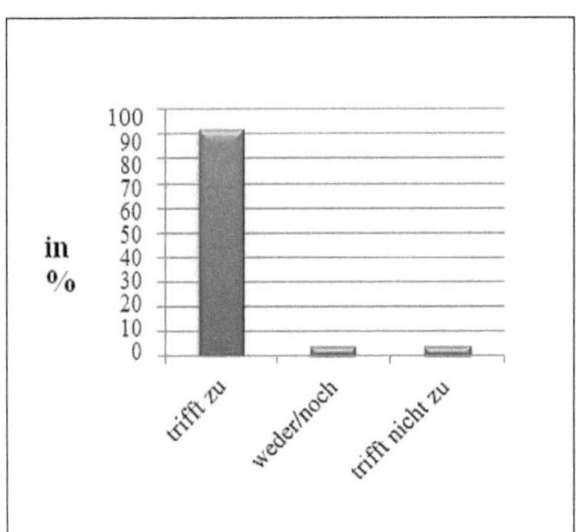

Abb. 18: „Meiner Meinung nach wird die SoundField-Anlage von den Schülern gut akzeptiert.“

Die anfängliche Begeisterung über etwas „Science-Fiction" im Klassenraum legte sich meist schon nach dem ersten Tag der Studie. So wurde die Akzeptanz bei den Schülern von 92 % der Lehrkräfte als „gut" bewertet (Abb. 18). Die befürchtete Verfremdung der Lehrerstimme war bei den Schülern nur am Anfang zu bemerken und war nach einigen Tagen vergessen. Ohne SoundField-System wurden von 35 % der Lehrkräfte wie auch von den Schülerinnen und Schülern in den hinteren Reihen „oft" bis „sehr oft" akustische Verständnisprobleme attestiert. Nach Installation und Testphase beobachteten nur noch 4 % der Lehrkräfte dieses Phänomen (Abb. 19). Das bedeutet, dass die Lehrkräfte ihre Schüler bei geringerer stimmlicher Belastung akustisch besser erreichen können.

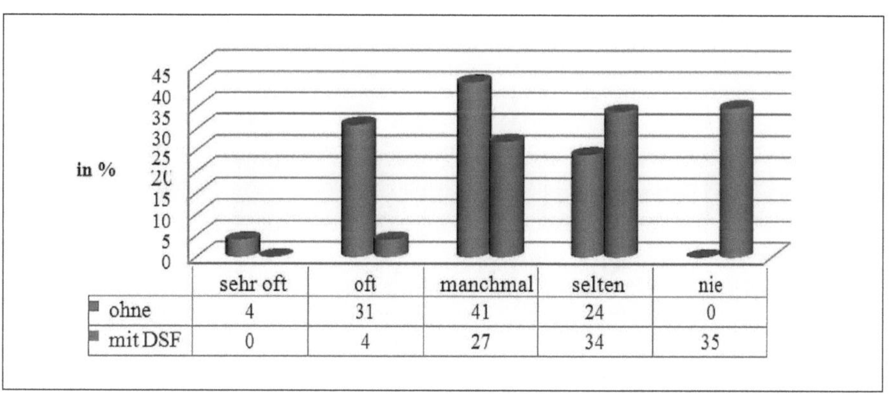

	sehr oft	oft	manchmal	selten	nie
ohne	4	31	41	24	0
mit DSF	0	4	27	34	35

Abb. 19: Akustische Verständnisprobleme von Schülerinnen und Schülern in hinteren Reihen

So werden von den Schülern auch weniger zusammenhangslose Antworten oder Kommentare im Unterricht gegeben (Abb. 20). Das spricht dafür, dass die Schüler unabhängig von ihrem Sitzplatz akustisch gut verstehen können. Dies wurde in Gesprächen mit Schülern bestätigt. Eine weitere Auswirkung des erleichterten akustischen Verstehens sollte eine größere Ausdauer im Schulalltag der Schüler sein. Konzentration und Ausdauer der Schüler können sich durch unangestrengtes Zuhören steigern, was zu einem gewinnbringenden Unterricht in den letzten Stunden beiträgt.

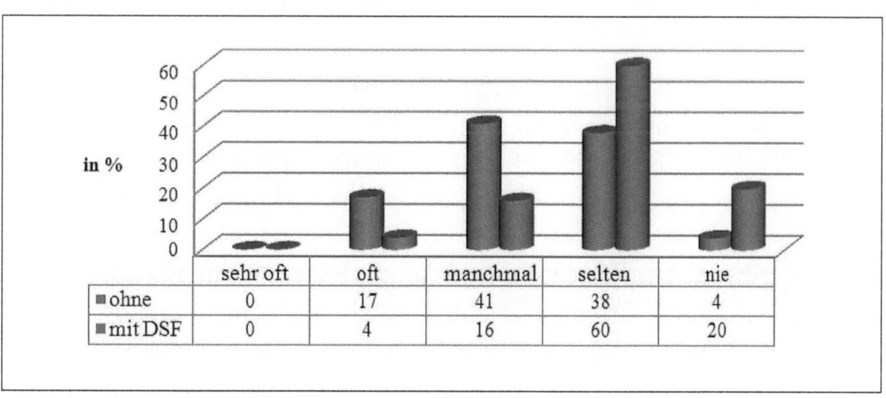

	sehr oft	oft	manchmal	selten	nie
ohne	0	17	41	38	4
mit DSF	0	4	16	60	20

Abb. 20: Antworten oder Kommentare stehen in keinem Zusammenhang mit der Frage.

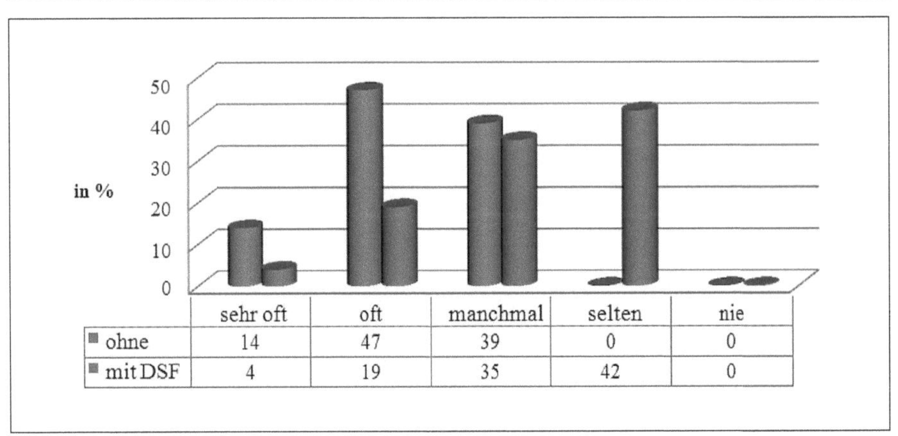

	sehr oft	oft	manchmal	selten	nie
◼ ohne	14	47	39	0	0
◼ mit DSF	4	19	35	42	0

Abb. 21: Nachlassen der Aufmerksamkeit in den letzten Schulstunden

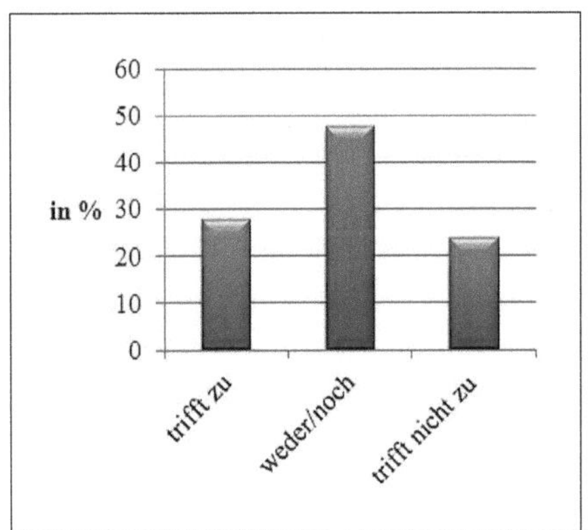

Abb. 22: „Meiner Meinung nach hat sich die Aufmerksamkeitsspanne der Schüler verbessert.“

In Abbildung 21 wird deutlich, dass mangelnde Aufmerksamkeit in den letzten Schulstunden von den Lehrkräften als deutliches Problem wahrgenommen wird. Die Abfrage mit SoundField-System lässt auf eine deutlich gesteigerte Aufmerksamkeitsspanne schließen. Jedoch treffen nur 28 % der Lehrkräfte anschließend die Aussage, dass sich die Aufmerksamkeitsspanne der Schülerinnen und Schüler verbessert hat (Abb. 22).

Die Frage nach der Bewegungsfreiheit im Klassenraum wird in Abbildung 23 von den Lehrkräften nicht deutlich als Problem erkannt. Es ist eine leichte Verbesserung zu erkennen, jedoch stellt sich dieses Problem ohne SoundField-System nicht häufig. In Abbildung 24 stellt sich dieser Sachverhalt etwas anders dar. Hier geben 44 % der Lehrkräfte an, mit SoundField-System freier in der Bewegung im Klassenraum zu sein, bei

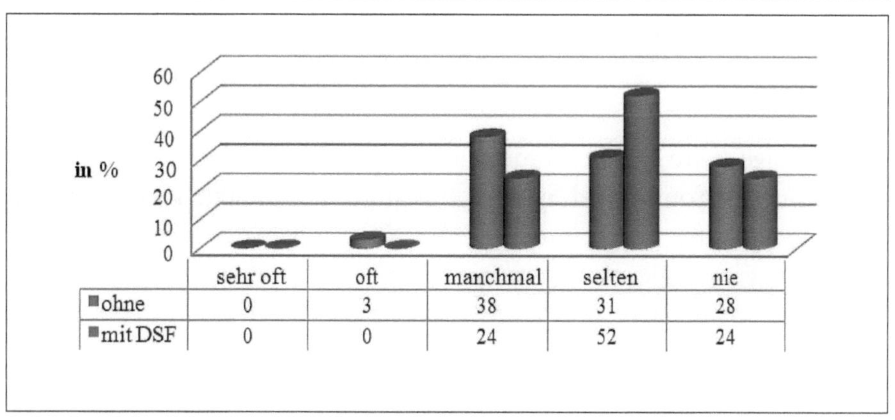

	sehr oft	oft	manchmal	selten	nie
ohne	0	3	38	31	28
mit DSF	0	0	24	52	24

Abb. 23: Bewegungsfreiheit eingeschränkt, um für alle Schüler gleichermaßen verständlich zu sein

gleichbleibendem akustischem Verständnis der Schülerinnen und Schüler. 28 % beobachten diese Situation nicht, und weitere 28 % stimmen dieser Aussage nicht zu.

In Abbildung 25 wurden die Lehrkräfte nach einer Steigerung der Lernleistung ihrer Schülerinnen und Schüler innerhalb der Studie befragt. Hier bestätigen 48 %, dass sie eine positive Entwicklung feststellen konnten.

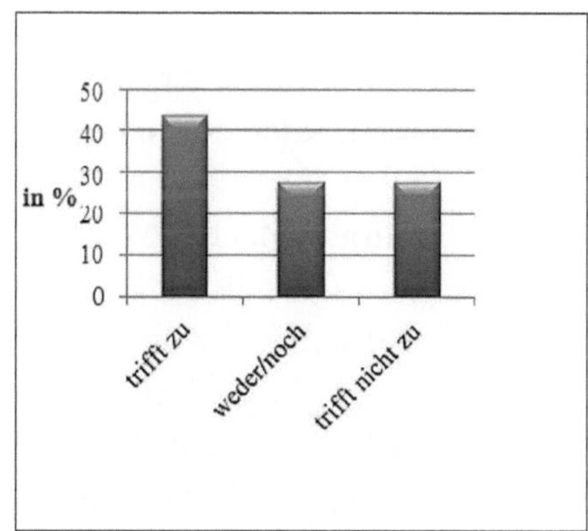

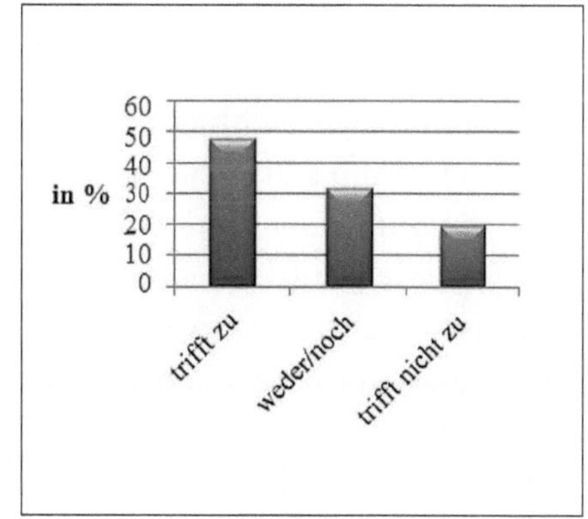

Abb. 24: „Meiner Meinung nach ermöglicht mir die SoundField-Anlage eine freiere Bewegung im Klassenraum."

Abb. 25: „Meiner Meinung nach hat sich die Lernleistung der Schüler verbessert."

5.4 Prüfung auf Abhängigkeiten zwischen objektiven und subjektiven Messungen

In der Folge sollte geklärt werden, inwieweit sich die Nachhallzeit auf die Funktion des SoundField-Systems auswirkt. Zu diesem Zweck werden in den folgenden Diagrammen (Abb. 26 u. 27) die gemessenen Nachhallzeiten gegen die Veränderung des Hintergrundgeräuschpegels bzw. des Dauerschallpegels aufgetragen. Innerhalb dieser Studie reichen die Nachhallzeiten von 0,3 s bis 0,8 s (Tab. 1). Hier konnten keine Abhängigkeiten zwischen der Funktion des SoundField-Systems und der im Unterrichtszimmer herrschenden Nachhallzeit festgestellt werden. Für diese Rückschlüsse muss eine umfangreichere Untersuchung mit dem Fokus auf Nachhallzeiten und deren Auswirkungen durchgeführt werden. So waren auch Tests auf Abhängigkeiten der psychischen und physischen Entlastung der Lehrkräfte und der Nachhallzeit nicht aussagekräftig. Diese Fragestellung lohnt jedoch geklärt zu werden, da andere Studien bereits gezeigt haben, dass häufig Nachhallzeiten oberhalb von 0,8 s gemessen wurden. Dabei sind Lehrkräfte, die in Klassenräumen mit schlechten akustischen Eigenschaften unterrichten, einer größeren physischen und psychischen Belastung ausgesetzt (MacKenzie et al., 1999). Das hier verwendete SoundField-System erzielte sowohl in Klassen mit guter Nachhallzeit als auch in Klassen mit schlechter Nachhallzeit gute Ergebnisse. Also kann man annehmen, dass die Funktion des SoundField-Systems im Bereich von 0,3 s bis 0,8 s nicht beeinträchtigt ist.

In der Studie der Heriot-Watt University Edinburgh (MacKenzie et al., 1999) wurde festgelegt, dass Nachhallzeitwerte von $\leq$ 0,6 s als für Sprache angemessen eingestuft werden können. Dieser Maßstab soll auch innerhalb dieser Studie als Grenze zwischen guten und schlechten Nachhallzeiten dienen. Es liegen sowohl 10 gemessene Nachhallzeiten oberhalb dieser Grenze als auch 10 darunter. Die Werte in Abbildung 28 sind gerundet, um sie an dieser Grenze messen zu können. In 5 der 20 gemessenen Klassen waren bereits bauakustische Maßnahmen in Form von Akustikdecken vorgenommen worden. Diese Klassen sind in Abbildung 28 mit roten

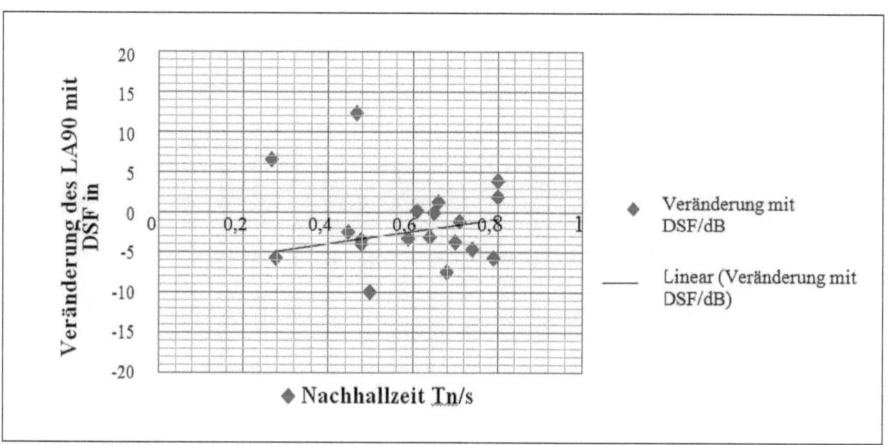

Abb. 26: Veränderung des Hintergrundgeräuschpegels in Abhängigkeit von der Nachhallzeit

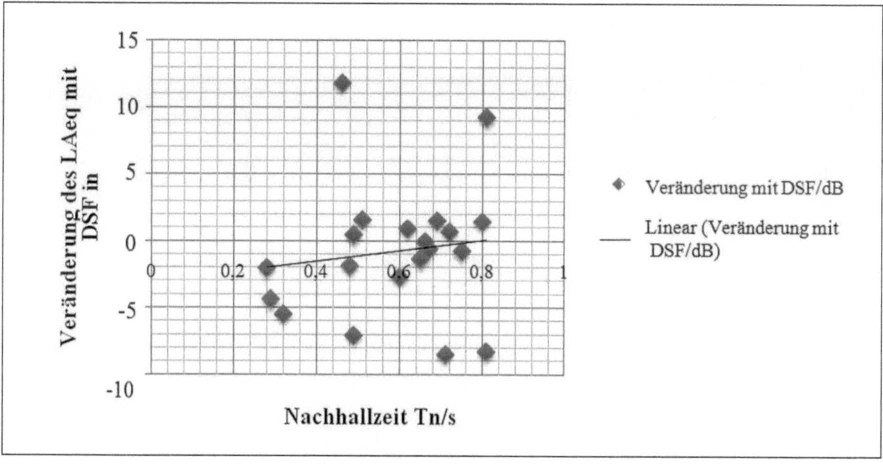

Abb. 27: Veränderung des Dauerschallpegels in Abhängigkeit von der Nachhallzeit

Pfeilen gekennzeichnet. Zudem waren die viele Flächen in den Klassenräumen von Regalen bedeckt oder gestalterisch verändert, was sich positiv auf die Nachhallzeit auswirken dürfte.

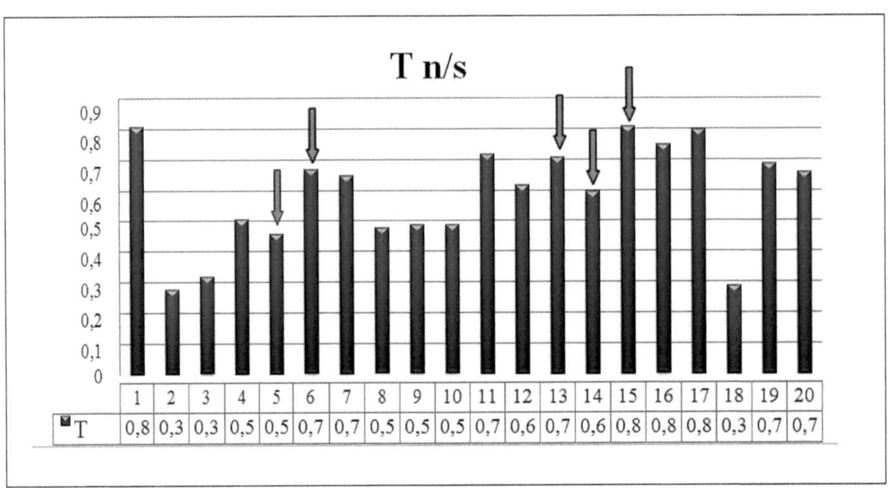

	1	2	3	4	5	6	7	8	9	10	11	12	13	14	15	16	17	18	19	20
T	0,8	0,3	0,3	0,5	0,5	0,7	0,7	0,5	0,5	0,5	0,7	0,6	0,7	0,6	0,8	0,8	0,8	0,3	0,7	0,7

Abb. 28: Gemessene Nachhallzeiten

6 Diskussion

6.1 Auswirkungen auf die Qualität der Arbeitsbedingungen für Lehrkräfte

Eine Untersuchung von Schönwalder et al. (2004) zur Belastung und Beanspruchung im Lehrerberuf ergab, dass „der Lärm, den Schülerinnen und Schüler machen" von 73 % der 1.159 befragten Lehrkräfte als besondere Belastung eingestuft wurde. Weiter gaben die Lehrkräfte an, dass sie den Lärm zum Zeitpunkt der Umfrage schwerer ertrügen als zu Beginn ihrer Berufstätigkeit. Dies impliziert, dass die erhöhten Anstrengungen, die mit dem Lärm in Klassenräumen verbunden sind, zwar über einen kurzen Zeitraum psychisch und körperlich auszugleichen sind, sich jedoch auf lange Sicht gesehen negativ auf die Gesundheit der Lehrkräfte auswirken können. Die Ergebnisse dieser Studie bestätigen diese Auffassung der Lehrkräfte. Sowohl die psychische als auch die körperliche Belastung werden von den Lehrkräften als täglich gegenwärtig dargestellt. Insgesamt fühlen sich 76 % der Lehrkräfte „manchmal" bis „sehr oft" psychisch belastet und 31 % „oft" bis „sehr oft". Und auch die körperliche Belastung, resultierend aus dem während des Unterrichts herrschenden Hintergrundgeräuschpegel von durchschnittlich 45 dB(A), ist deutlich messbar. Hier sind 69 % „manchmal" bis „sehr oft" körperlich belastet und ebenfalls 31 % „oft" bis „sehr oft". Diese körperliche Anstrengung entsteht dadurch, dass die Lehrkräfte dauerhaft gegen den Hintergrundgeräuschpegel mit erhobener Stimme anreden müssen. Wiederholungen von Arbeitsinstruktionen aufgrund von akustischen Schwierigkeiten, der Anspruch, für alle Schülerinnen und Schüler gleichermaßen verständlich zu sein und die häufig mangelhaften akustischen Eigenschaften der Klassenräume steigern diese Anstrengungen. Zusätzlich ist es in den Unterrichtspausen, welche als notwendige Erholung dienen sollten, in der Regel noch lauter als im Unterricht.

Der Lärm in Schulklassen und damit am Arbeitsplatz der Lehrkräfte ist jedoch von anderer Natur als beispielsweise der einer Baustelle. Hier geht es darum, die Arbeitnehmer vor Schädigungen des Innenohrs, die durch dauerhafte Schallpegel oberhalb von 80 dB(A) verursacht werden, zu schützen. Die besondere Situation in Klassenzimmern besteht darin, dass das Hintergrundgeräusch sowie der Dauerschallpegel zum Großteil aus Sprache bestehen und so nur schwer zwischen Störgeräusch und Nutzsignal unterschieden werden kann. Zusätzlich handelt es sich vorwiegend um Schallpegel mittlerer Intensität (ca. 50–80 dB[A]). Pegel dieser Intensität wirken sich jedoch auch auf den Organismus aus, wie Abbildung 29 zeigt. Die Existenz dieses Problems belegen Abbildung 9 und 10. Auch in Gesprächen wird die Belastung immer wieder von Lehrkräften als größte Schwierigkeit im Schulalltag beschrieben. In Anbetracht der Verbesserungen im psychischen wie auch im physischen Bereich ist der Einsatz des verwendeten SoundField-Systems eine gute Möglichkeit, dem entgegenzuwirken.

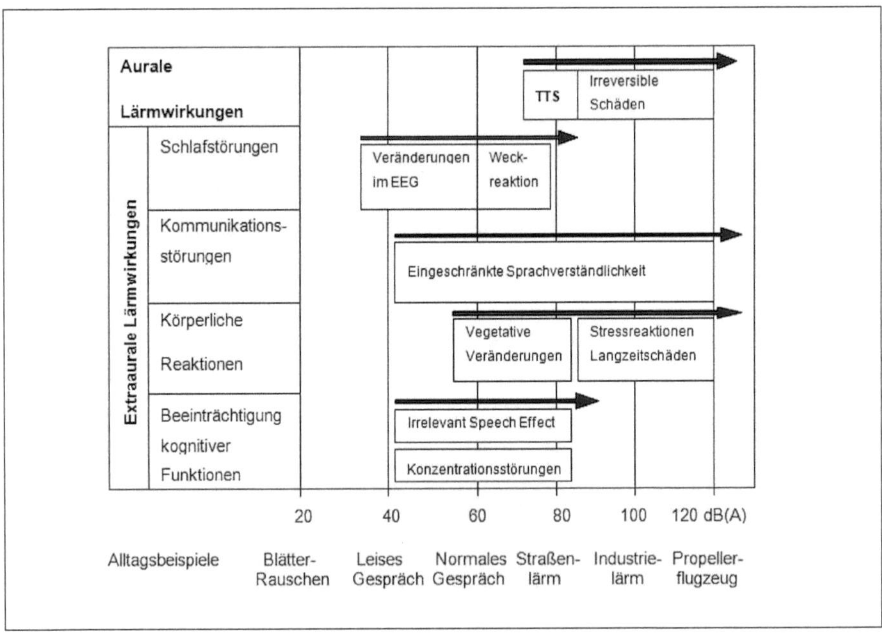

Abb. 29: Aurale und extraaurale Lärmwirkungen im Überblick; Lexikon der Psychologie (2001; Oberdörster et al., 2006)

6.2 Auswirkungen auf die Qualität der Lernbedingungen für Schülerinnen und Schüler

Für Schülerinnen und Schüler im Grundschulalter stellt sich eine besondere Situation dar. Die in den meisten Fällen schlechte Klassenraumakustik, zu große Klassen und dadurch zu hohe Hintergrundgeräuschpegel wirken sich auf das Sprachverstehen von Kindern dieses Alters noch stärker aus. Grundschulkinder benötigen ein SNR, das um +5 dB höher liegt als das von Erwachsenen (Spreng, 2002). Dies ist deshalb erforderlich, weil sie ihre kognitive Sprachverarbeitung noch nicht abgeschlossen haben. D. h., sie sind noch nicht in der Lage, Informationslücken im Sprachsignal durch logische Ergänzung oder Erfahrungen auszufüllen. Noch dazu sind Kinder jüngeren Alters leichter durch Lärm und Störgeräusche ablenkbar (Klatte et al., 2002). Erwachsene benötigen in Lernsituationen ein SNR von +10 dB, um den Inhalten ohne Informationsverluste und erhöhte Anstrengung folgen zu können (Schick et al., 1999). Bei Unterrichtsverhältnissen mit Hintergrundgeräuschpegeln von durchschnittlich 45 dB(A), wie in dieser Studie gemessen (Abb. 7), ist es der Lehrkraft kaum möglich, durch einen größeren Stimmeinsatz jedem Schulkind diese Voraussetzungen dauerhaft zu bieten.

Durch den Einsatz des SoundField-Systems ist es möglich, jedem Schüler durch die adaptive Verstärkungsanpassung ein SNR von mindestens +10 dB zu gewährleisten. Dies entspricht dem geforderten Wert von +15 dB zwar noch nicht ganz, stellt aber eine deutliche Verbesserung dar. Dies wirkt sich positiv auf die Grundlagen der Kommunikation zwischen Lehrkräften und Schulkindern aus (Abb. 19 u. 20). Ob der Rückschluss auf eine vergrößerte Aufmerksamkeitsspanne durch ein verbessertes SNR gezogen werden kann, wird anhand der Messergebnisse aus den Abbildungen 21 und 22 nicht klar. Hier ist in Abbildung 21 eine deutliche Verbesserung in der Bewertung durch die Lehrkräfte zu erkennen, jedoch wird dieses Ergebnis in der zusätzlichen Abfrage in Abbildung 22 nur von 28 % der Lehrkräfte bestätigt. Die Ergebnisse können hier davon beeinflusst worden sein, dass natürlich auch beim Einsatz des SoundField-Systems eine Ermüdung der Schülerinnen und Schüler stattfindet und diese sich nicht so deutlich vom vorherigen Zustand abhebt. Erstaunlich ist, dass bereits nach einer Testphase von sechs Wochen 48 % der Lehrkräfte die Aussage tätigen, dass sich die Lernleistung der Schülerinnen Schüler verbessert habe.

7 Fazit

Die Ergebnisse dieser Studie zeigen deutlich, dass im Bereich der Klassenraumakustik Handlungsbedarf besteht. SoundField-Systeme werden vor allem in England und den USA häufig verwendet. In Deutschland beschränkt sich die Anwendung von SoundField-Systemen hauptsächlich auf größere Hörsäle in Universitäten und Fachhochschulen. In diesen Räumlichkeiten liegt die Funktionalität aufgrund ihrer Größe auf der Hand. Aber auch in Schulklassen fällt der Schallpegel der Lehrerstimme je nach Größe des Raums erheblich ab. Also sind auch in Schulklassen SoundField-Systeme sinnvoll, um unabhängig vom Sitzplatz der Schüler ein gleichbleibendes SNR zu erzeugen. Da Schulkinder circa 75 % der Unterrichtszeit mit Zuhören verbringen (Klatte et al., 2002) und Lehrer im Umkehrschluss die gleiche Zeit mit Sprechen, ist eine Verbesserung der Kommunikation durch SoundField-Systeme nicht nur den Kindern zuträglich, sondern auch den Lehrkräften, die erheblich von der Reduktion der stimmlichen Belastung profitieren.

Diese Studie zeigt, dass der Wunsch nach Verbesserung der Arbeitsbedingungen aufseiten der Lehrkräfte besteht. Der Großteil der an der Studie teilnehmenden Lehrkräfte konnte sich vorstellen, ein SoundField-System dauerhaft zu verwenden. Jedoch bedarf es eines größeren Bewusstseins, sowohl hinsichtlich der Schwierigkeiten im Schulunterricht als auch der Hindernisse in der Bildungspolitik, um Lehrkräften diese Möglichkeiten bieten zu können. Neben der raumakustischen Verbesserung der Klassenräume sind SoundField-Systeme in der Lage, die Arbeitsbedingungen der Lehrkräfte und ebenfalls die Lernbedingungen der Schülerinnen und Schüler zu verbessern. Es ist also von großer Bedeutung, die Erforschung der Auswirkungen von Lärm auf kognitive Verarbeitungsprozesse und allgemein Auswirkungen auf den Menschen voranzutreiben. Hier ist das Ziel, zum Beispiel die Arbeitsstättenverordnung in Bezug auf den zulässigen Bewertungspegel auch für den schulischen Bereich anzupassen. Darauf aufbauend, sollten die raumakustische Sanierung von Unterrichtsräumen forciert werden und der Einsatz von SoundField-Systemen zur

Verbesserung der akustischen Situation in Schulen vermehrt Anwendung finden. Vor dem Hintergrund, dass in Deutschland wöchentlich 1 Million Schulstunden ausfallen oder anderweitig besetzt werden, lohnt es sich, den entlastenden Effekt eines SoundField-Systems weiter zu erörtern.

Literaturverzeichnis

ArbStättV: Arbeitsstättenverordnung §15(1), 1975; Arbeitsstättenverordnung §15(2), 1975.

DIN 18041:2004; 4.2.1.2 Tabelle 1 / Zulässiger Störschalldruckpegel bauseitiger Geräusche – Hörsamkeit in kleinen bis mittelgroßen Räumen, Berlin 2004

DIN EN ISO 3382-2: 2008; 4.3.1 Allgemeines: Tabelle 1 / Akustik-Messung von Parametern der Raumakustik; Teil 2: Nachhallzeit in gewöhnlichen Räumen, Brüssel: Europäisches Komitee für Normung, 2008.

DIN EN ISO 3382-2; 5.1 / Akustik-Messung von Parametern der Raumakustik; Teil 2: Nachhallzeit in gewöhnlichen Räumen, Brüssel: Europäisches Komitee für Normung, 2008.

DIN EN ISO 3382-2; 5.2.1 Anregung eines Raumes / Akustik-Messung von Parametern der Raumakustik; Teil: Nachhallzeiten in gewöhnlichen Räumen, Brüssel: Europäisches Komitee für Normung, 2008.

Hoffmann, A., v. Lüpke, A., und Maue, J. H.: 0 Dezibel + 0 Dezibel = 3 Dezibel, 7. Auflage, Berlin 1999.

Klatte, M., Meis, M., und Schick, A.: Feldstudie zur Wirkung von Lärm auf die Leistungen von Schulkindern 35;36 / Die akustisch gestaltete Schule, s. l. 2002.

Klatte, M., Meis, M., und Schick, A.: Lärm in Schulen – Auswirkungen auf kognitive Leistungen von Kindern 20 / Die akustisch gestaltete Schule, Göttingen 2002.

Lampert, B.: Praxisnahe Simulation von Line-Array-Lautsprechersystemen mittels Directivity-Balloons, Diplomarbeit, Wiesbaden 2006.

LärmVibrationsArbSchV: Verordnung zum Schutz der Beschäftigten vor Gefährdungen durch Lärm und Vibrationen §2 (1), 2007.

Leistner et al.: Lärm in der schulischen Umwelt und kognitive Leistungen bei Grundschulkindern, Stuttgart, Eichstätt und Oldenburg 2006.

Lexikon der Physik: Wissenschaft-online, http://www.wissenschaft-online.de/abo/lexikon/physik/42 [24.11.2011].

MacKenzie, D. J., und Airey, S.: Akustik in Klassenzimmern / Ein Forschungsprojekt 2.6.1, Heriot-Watt University, Edinburgh, 1999.

MacKenzie, D. J., und Airey, S.: Akustik im Klassenzimmer / Ein Forschungsprojekt, Heriot Watt University, Edinburgh, 1999.

MacKenzie, D. J., und Airey, S.: Akustik im Klassenzimmer 32, Heriot Watt University, Edinburgh, 1999.

MacKenzie, D. J., und Airey, S.: Classroom Acustics A / A Research Project, Heriot Watt University, Edinburgh, 1999.

Müller G., und Möser, M.: Taschenbuch der technischen Akustik 15.5.1.2, 3., erweiterte und überarbeitete Auflage, Berlin 2004.

Oberdörster M., und Tiesler, G.: Akustische Ergonomie der Schule (FB 1071), 45 Abb., Dortmund, Berlin und Dresden 2006.

Oberdörster, M., und Tiesler, G.: Akustische Ergonomie der Schule (FB 1071), 46 Abb., Dortmund, Berlin und Dresden 2006.

Oberdörster, M., und Tiesler, G.: Akustische Ergonomie der Schule 44, Dortmund, Berlin und Dresden 2006.

Schick, A., Klatte, M., und Meis, M.: Die Lärmbelastung von Lehrern und Schülern / Ein Forschungsstandbericht z.f. Lärmbekämpfung 46 77–87, s. l. 1999.

Schönwälder, H.-G., et al.: Lärm in Bildungseinrichtungen / Ursachen und Minderung, s. l. 2004.

Spreng, M.: Die Wirkung von Lärm auf die Sprachentwicklung / Die akustisch gestaltete Schule, s. l. 2002.

Studie II:

Akustische Verbesserung sprachlicher Kommunikation im Kindergarten durch den Einsatz von Dynamic SoundField als Unterstützung der Sprachentwicklung im Vorschulalter

Marion Hermann-Röttgen und Gero Kerig

Projektleitung: Marion Hermann-Röttgen
Statistische Auswertung: Gero Kerig

Besser hören – besser „zu"-hören – besser kommunizieren

Anlass und Problem

Zunahme an sprachtherapiebedürftigen Kindern aus multiplen Gründen, verstärkt durch Migration und Inklusion. Zahlreiche wissenschaftliche Studien beweisen, dass die Konzentration und damit die Lernfähigkeit von Kindern durch Lärm negativ beeinflusst werden.

Hypothese

Schon eine geringfügige Verbesserung der akustischen Bedingungen, insbesondere des Sprachsignals, fördert die sprachliche Entwicklung im Kindergarten.

Fragestellung

Beschleunigt der Einsatz einer mobilen SoundField-Hörsäule (hier „Dynamic SoundField" von Phonak) die sprachliche Entwicklung von Kindern?

Vergleichende Studie in Kindergärten der Städte

- Testungen zur Effektivitätsmessung
- Orte: Stuttgart – Köln – Berlin
- Testgruppen: je zwei Kindergärten mit je zwei Gruppen
- Zeitraum: je drei bis sechs Monate

Kriterien zur Auswahl der Kindergärten

Aufgrund der unterschiedlichen Bildungslandschaft innerhalb Deutschlands wurde die Versuchsreihe auf Stuttgart, Köln und Berlin ausgedehnt, um eventuell auftretende grundsätzliche Unterschiede hierzulande zu erkennen. Es wurden Kindergärten ausgewählt, in denen es noch feste Gruppenaufteilungen gibt, die bewirken, dass die Kinder eine wesentliche Zeit des Tages gemeinsam mit konstanten Betreuern verbringen. Die zunehmend nach dem Prinzip einer offenen Pädagogik arbeitenden Kindergärten haben diese Bedingungen nicht mehr, weil die Kinder sich in der Regel – abgesehen von einem zeitlich sehr begrenzten „Morgenkreis" – auf verschiedene Aktions- und Funktionsräume verteilen, sodass es nicht möglich ist, zwei Vergleichsgruppen zu bilden.

Wir haben uns daher in Stuttgart für Kindergärten der Evangelischen Kirche, in Köln für Einrichtungen der Katholischen Kirche und in Berlin für Kindertagesstätten des freien Bildungsträgers IB entschieden, in denen aus Überzeugung noch nach anderen, eher die Persönlichkeit fördernden Bedingungen und weniger leistungsorientiert gearbeitet wird.

Die aus dieser Erfahrung resultierenden Beobachtungen bezüglich dieser eher traditionellen Erziehungsformen der drei Träger waren hochinteressant und bedürften dringend einer weiteren Untersuchung. Insgesamt hinterließen die rundum positiven Erfahrungen mit diesen Einrichtungen Skepsis gegenüber der „modernen" Form der offenen Pädagogik und gaben Anlass zu großem Bedenken.

Laufzeit: 6 Monate
Beginn 2013:

Erster Testdurchlauf	Stuttgart-Leonberg	Mai
	Berlin-Potsdam	September
	Köln-Jüchen	September

Abschluss 2014:

Zweiter Testdurchlauf	Stuttgart-Leonberg	Oktober
	Berlin-Potsdam	Februar
	Köln-Jüchen	Februar

Ablauf
Profilanalyse der Kindergruppe:
Auswahl der Kinder innerhalb der Vergleichsgruppen im Hinblick auf Alter, Muttersprache und zeitlichen Umfang der bisherigen Anwesenheit im Kindergarten, um realistisch vergleichbare Daten erstellen zu können.

Das Alter wurde auf 4 bis 5 Jahre beschränkt. Es wurden prozentual zur Gesamtgruppe Kinder mit Migrationshintergrund ausgewählt. Der Prozentsatz an solchen Kindern lag in Leonberg am niedrigsten, in Köln am höchsten.

Um die Gruppen untereinander homogen zu halten, wurde die Anzahl der Kinder aus den variierenden Sprachfamilien der zu vergleichenden

Gruppe angepasst, sodass möglichst die gleiche Anzahl von Kindern im selben Alter aus einem Land in beiden Gruppen anzutreffen war.

Das Testmaterial

Da in den verschiedenen Bundesländern unterschiedliche Testungen mit stark abweichenden Schwerpunkten und Durchführungsmodalitäten empfohlen werden oder auch zum Teil obligatorisch sind, wurde – um einen Vergleich zwischen den Städten Stuttgart, Köln und Berlin zu ermöglichen – die Entscheidung getroffen, ein einheitliches Screening zu verwenden, das seit 2005 im Institut FON mit großem Erfolg verwendet wird.

Dieses seit einigen Jahren vielerorts in Baden Württemberg angewandte Screening hat darüber hinaus den Vorteil, dass es im Gegensatz zu den üblicherweise in der BRD verwendeten Testungen zur Sprachstandserhebung im Vorschulalter zusätzlich zu den Ebenen Wortschatz, Artikulation, Grammatik und auditive Wahrnehmung auch die Faktoren Konzentration und Kommunikation statistisch erfasst.

Testphase 1

* FON – Screening-Spiel zur Erfassung des Sprachniveaus auf den Ebenen: Wortschatz – Artikulation – Grammatik – Auditive Wahrnehmung – Konzentration – Kommunikation

Testphase 2

* Wiederholung desselben Screenings nach 6 Monaten

Räumliche Bedingung

* Akustisch verbessernde Maßnahmen in einem Raum durch eine Sound-Field-Hörsäule von Phonak, Dynamic SoundField (im Folgenden: DSF)
* Vergleichsraum ohne DSF

Das Team
* Institut FON, Leonberg-Ditzingen
* IB-Hochschule Berlin – Köln – Stuttgart
* Sprachwissenschaftler, Ärzte, Logopäden, Erzieher, Hörgeräteakustiker, Techniker

Personelle Betreuung vor Ort
* Logopäden, Erzieher und Techniker

Testende Personen
* Logopäden des Institut FON, Leonberg-Ditzingen
* Studierende der Fakultät Gesundheitswissenschaft und Logopädie, IB-Hochschule Berlin

Evaluation
* Erstellung einer Statistik der anonymen Ergebnisse und wissenschaftliche Auswertung durch Psychologen der Forschungsgruppe AAKii: Arbeitsgemeinschaft – Akustik – Kommunikation – interdisziplinär – international
* Befragungen der Erzieher

DSF
Bei DSF handelt es sich nicht um einen klassischen Lautsprecher, sondern um eine hoch differenzierte Hörsäule, die zu besserem Verstehen in öffentlichen Räumen verhilft. Sie verstärkt minimal die Stimme des durch einen Mikrofon-Clip drahtlos mit dem Gerät verbundenen Sprechers im sprachrelevanten Bereich, und zwar nur dann, wenn es im Raum – aus welchen Gründen auch immer – lauter wird. Das System bewirkt so, dass der Erzieher oder Lehrer niemals die Stimme anheben muss. Gestus, Mimik und Grundstimmung des Sprechenden bleiben immer gleich harmonisch, ohne je aggressiv wirken zu müssen. Normal hörende Kinder profitieren von der Beschallungsanlage, die durch ihre zylindrische Schallabstrahlung in allen Teilen des Raumes die Stimme der sprechenden Person annähernd

gleichmäßig und deutlich für die Zuhörer verstärkt: Sprachverstehen unabhängig von der Sitzposition im Raum ist nun möglich, Störgeräusche geraten in den Hintergrund. Indem die Stimme der sprechenden Person, z. B. eines Pädagogen, nun immer gut verstanden wird, steigen im gleichen Maße die Hörbarkeit des Gesagten, die allgemeine Konzentration und die Motivation, aktiv am Unterricht teilzunehmen. Darüber hinaus wird die Stimme des Sprechers deutlich geschont.

Faszinierend und wichtig für die Orientierung und die Kommunikation zwischen Sprecher und Zuhörer ist, dass der verstärkte Klang nicht aus dem Verstärker zu kommen scheint, sondern sich so gleichmäßig im Raum verteilt, dass der Hörer stets den Sprecher selbst als Quelle des Tons erlebt.

Das System kann darüber hinaus auch die sprachliche Kommunikation und den gemeinsamen Unterricht von normal hörenden Kindern und solchen mit Hörverlust in Regelschulen und Kindergärten unterstützen. Derselbe Sender kann die Stimme des Lehrers oder des Erziehers direkt auf die Hörgeräte der schwerhörigen Kinder senden (ein Empfänger am Hörgerät wird benötigt) des und so für ein deutlich besseres Verstehen sorgen.

Effektivitätsprüfung

Die vergleichende Untersuchung der Sprachentwicklung von drei- bis fünfjährigen Kindern, die mit und ohne Einsatz von DSF mittels des Tests gemessen wurde, ergab eine signifikante Leistungssteigerung durch den Einsatz von DSF. Diese Leistungssteigerung betrug im Test 8,7 % und lässt hochgerechnet auf eine längere Einsatzzeit von DSF im Kindergarten weitere Steigerungen erwarten.

Die in den Untertests geprüften unterschiedlichen Leistungsbereiche zeigen eine Wachstumssteigerung, die sich in allen sechs Tests signifikant ausdrückt (siehe Abb. 1 und 7). DSF fördert nachweislich die schwächeren Kinder wesentlich stärker als die fortgeschrittenen und verringert damit den Abstand der Gruppen nachweislich.

Das Datenmaterial

Es wurden Daten von sechs Kindergruppen mit insgesamt 89 Kindern im Alter zwischen drei und fünf Jahren vorgelegt. Die Ergebnisse von 12 Kindern sind nicht auswertbar, weil sie ihre Mitarbeit während der Befragung verweigerten oder die Protokolle unvollständig waren. Damit konnte die Versuchsgruppe von 45 Kindern, die den Einsatz von DSF erlebte, mit einer Kontrollgruppe von 32 Kindern verglichen werden.

Insgesamt wurden vier Datensätze erhoben:

Im Mai 2013 wurde mit dem DSF-Sprachtest in zwei Gruppen der sprachliche Entwicklungsstand erhoben. Nach fünf Monaten, im Oktober, erfolgte eine Wiederholung der Messungen, diese wurden mit der Erhebung vom Mai verglichen, vier weitere Gruppen folgten im Herbst 2013 (erste Untersuchung) und im Februar 2014 mit der zweiten Untersuchung. Der Vergleich dient zur Feststellung, ob und inwieweit der Einsatz von DSF einen Einfluss auf die Sprachentwicklung der Experimentiergruppe genommen hat.

Die Methode der Vergleichsuntersuchung

Diese Methode bestand darin, die vorgelegten Datensätze statistisch zu durchleuchten und die nachgewiesenen Zusammenhänge auf ihre Aussage zu überprüfen. Dabei stand die Prüfung im Vordergrund, inwieweit die Ergebnisse rein zufällig oder aufgrund von messbaren Einflüssen zustande kamen und sich daraus Aussagen über den Einfluss von DSF ableiten lassen.

Die Ergebnisse

Die Vergleiche der Zuwächse an Hörleistungen in den sechs Untertests zwischen den beiden Gruppen ergaben, dass die von DSF unterstützte Gruppe mit einem Zuwachs von 883 Leistungspunkten deutlich vor der Vergleichsgruppe mit nur 194 Punkten lag (Abb. 1).

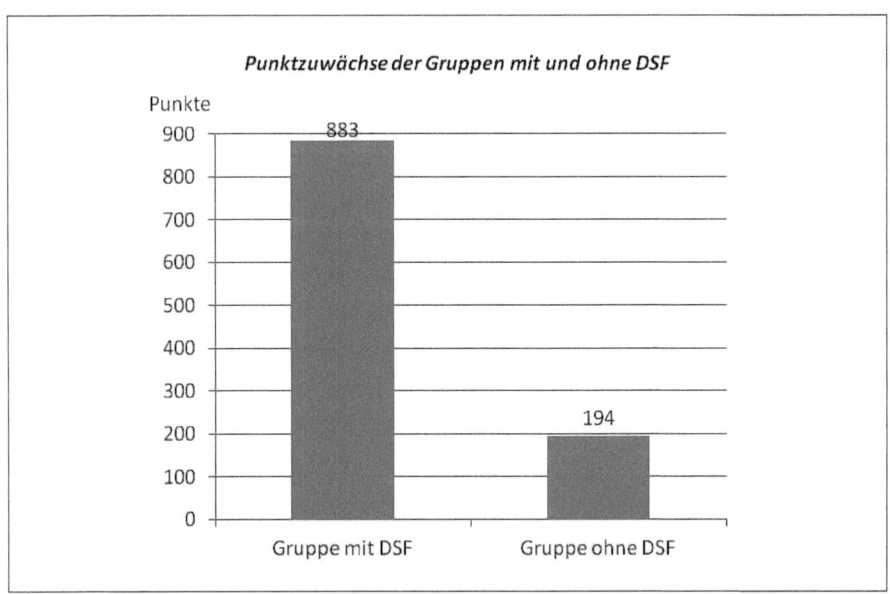

Abb. 1

Der Unterschied ist sehr signifikant (p<1 %), weshalb angenommen werden kann, dass er auf die Wirkung des DSF zurückzuführen ist. Der Leistungszuwachs zwischen den beiden Messungen in mit DSF ausgestatteten Gruppen beträgt 12,8 %. Bei der Kontrollgruppe geht der Zuwachs von 4,3 % vermutlich auf die Entwicklung während der fünf bis sechs Monate zurück, die zwischen den beiden Erhebungen liegen. Dieser Zuwachs ist von den 12,8 % der Experimentalgruppe abzuziehen, sodass dort noch ein DSF-bedingter Zuwachs von netto 8,5 % angenommen werden darf (Abb. 2). Die Analyse des Leistungszuwachses zeigt in den Verteilungskurven (Abb. 3), dass sich die beiden Kurven ohne DSF-Einsatz (T/1 und T/2 ohne) nahezu parallel darstellen. Der Zuwachs von 4,3 % (siehe Abb. 2) findet bei ihnen hauptsächlich in der Leistungsspitze zwischen 150 und 170 Leistungspunkten statt. Dagegen verteilt sich der Lerngewinn der DSF-geförderten Kinder dergestalt, dass sich im unteren Bereich bis 130 Punkte kein Kind mehr befindet und die Kurve in den oberen Leistungssektor „hochschießt".

Lerngewinn pro Gruppe in Prozent
%
14
12,8
12
10
8
6
4,3
4
2
0
ohne DFS
mit DFS
DSF – Wirkung 8,5%

Abb. 2

Lernzuwachs
Anzahl der Kinder
26
24
22
20
18
16
14
12
10
8
6
4
2
0
70
90
110
130
150
170
Punkte
T/1 mit DFS
T/2 mit DFS
T/1 ohne DFS
T/2 ohne DFS

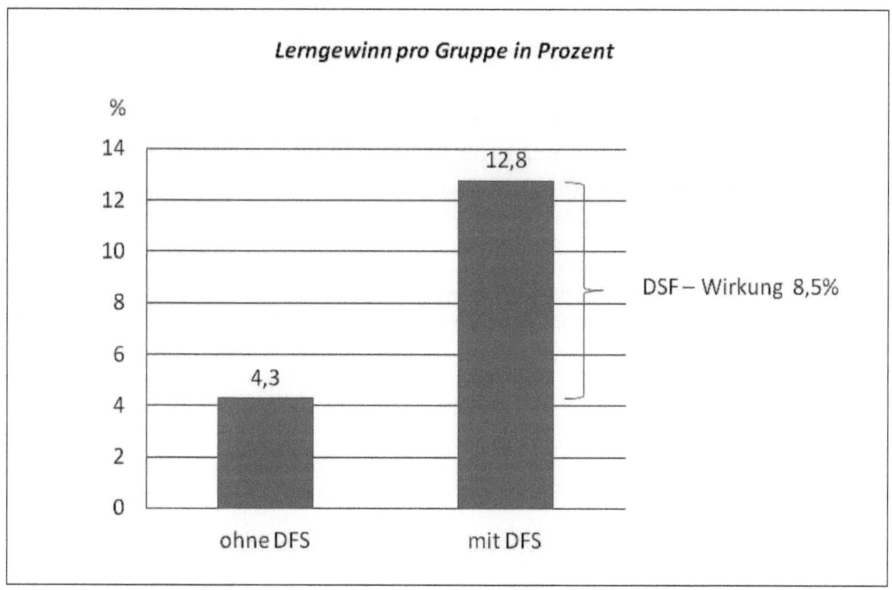

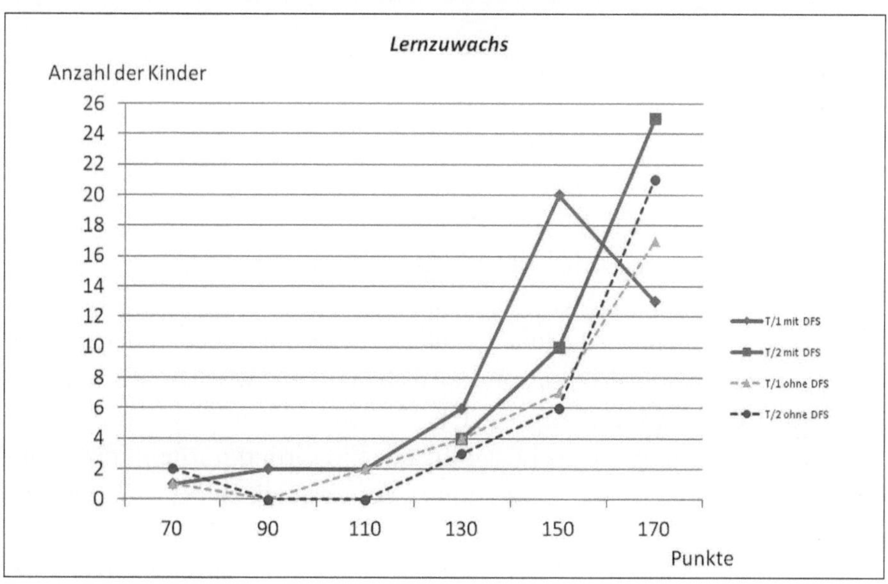

Abb. 3

Rechnet man die Entwicklungsgeschwindigkeit der fünf bis sechs Monate auf 20 Monate hoch, was einer durchschnittlichen Verweildauer im Kindergarten entspricht, so zeigt sich diese Wirkung von DSF noch deutlicher. Sie würde sich mit einer Effektivität von 46,5 % gegenüber 15,6 % der Kontrollgruppe abheben (Abb. 4).

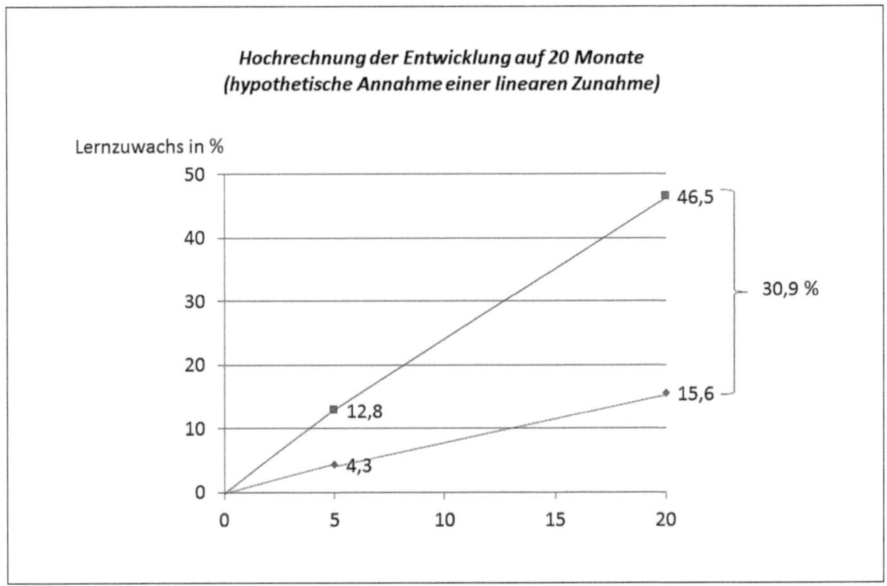

Abb. 4

Diese Hochrechnung enthält allerdings die Voraussetzung, dass die Entwicklung linear mit gleicher Progression verläuft. Die Verifizierung dieser Hypothese soll in einer 20 Monate umfassenden Untersuchung noch vorgenommen werden. Die Prüfung, ob eine Abhängigkeit zwischen Leistung und Lebensalter besteht, verlief negativ. Die Korrelation betrug zwischen beiden Variablen r=0,28 und war nicht signifikant. Ein Grund dürfte in der geringen Streuung zwischen den Altersgruppen bestehen, die mit einer Ausnahme (3 Jahre) nur 4- und 5-jährige Kinder erfasste. Prüft man die interessante Frage, ob ggf. und in welchem Maße DSF eher die schwächer oder stärker sprachentwickelten Kinder fördert, ergibt sich folgendes Bild (Abb. 5):

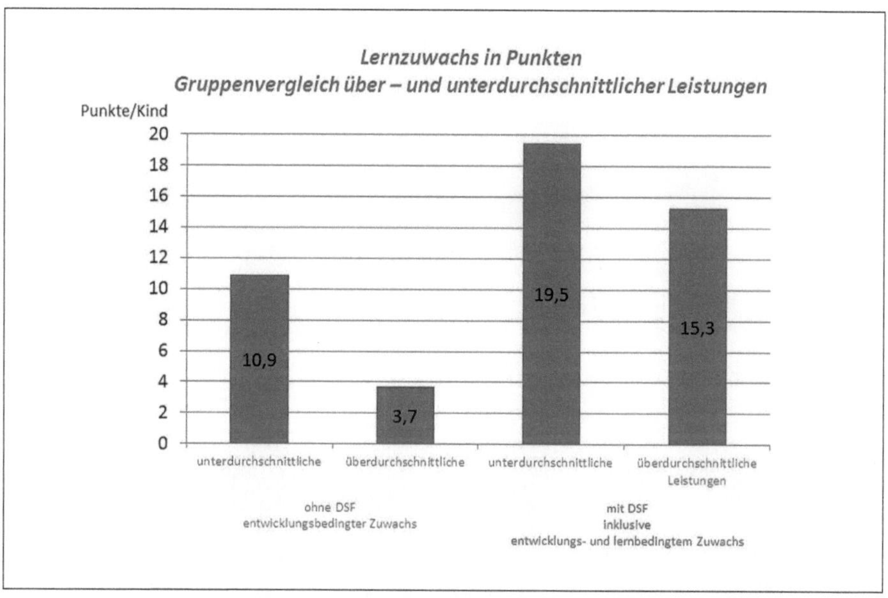

Abb. 5

Die Kinder, die sich in der unteren Hälfte der Leistungsskala befinden, erreichen eine durchschnittliche Leistungssteigerung von 19,5 Punkten pro Kind, während die Steigerung der Kinder im oberen Bereich der Skala nur 15,3 Punkte pro Kind beträgt. Diese Differenz lässt die Aussage zu, dass eine Förderung mit DSF vor allem den entwicklungsschwächeren Kindern zu Gute kommt.

Die Ergebnisse der Untertests (Abb. 6) zeigen, dass alle Testbereiche sehr signifikant oder signifikant sind. D. h., sie lassen alle eine Förderung der Kinder erkennen, die von DSF profitieren konnten. Auffällig ist allerdings der Untertest „Artikulation", dessen einzelne Gruppenergebnisse so weit streuen, dass er in der Leonberger Erhebung mit 0 Punkten zum Leistungswachstum beiträgt, während er in der Kölner Gruppe der Test ist, der die größte Leistungssteigerung verzeichnet. Woraus sich diese breite Streuung ableiten lässt, ist aus dem vorhandenen Datenmaterial nicht zu ersehen. Es kann jedoch vermutet werden, dass es mit einer insgesamt auffällig heterogenen Zusammensetzung der Kinder in Köln zusammenhängt. Eine in Zusammenarbeit mit den Testautoren durchgeführte Analyse dieses Untertests wird dazu noch Aufschluss bringen.

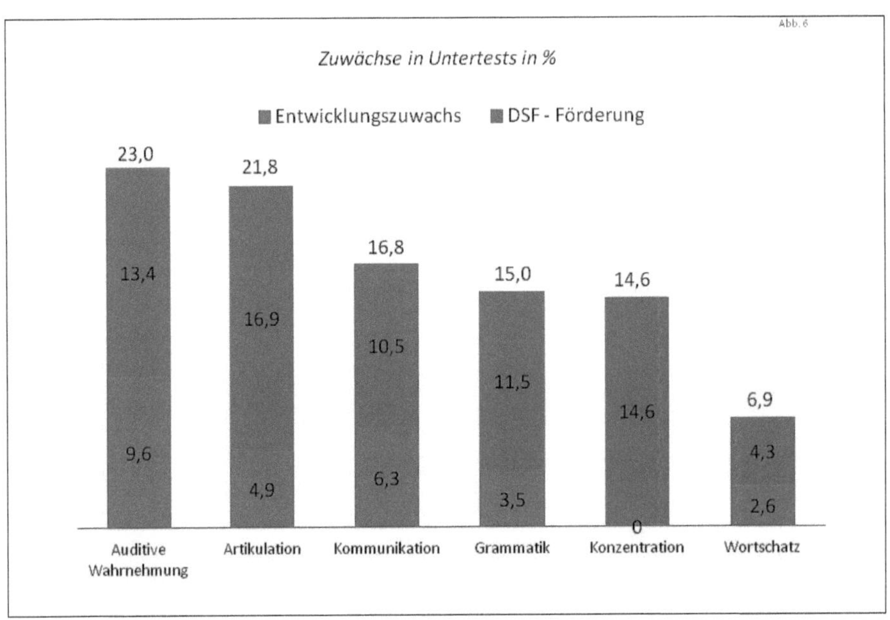

Abb. 6

(RP)	Auditive Wahr-nehmung	Artikulation	Kommunikation	Grammatik	Konzentration	Wortschatz
Steigerung	23 %	21,8 %	16,8 %	15 %	14,6 %	6,9 %
Signifikanz	ss	ss	ss	ss	ss	s
(ss = sehr signifikant p<1 %, s = signifikant p<5 %)						

Abb. 7: Untertests im Überblick

Untertests im Einzelnen
Leonberg
40
35
30
25
24,0
20
13,6
17,6
13,7
15,9
15
12,7
10
5,3
11,8
13,2
17,6
10
5
10,4
0
5,3
1,9
2,7
0
2,7
10,8
Auditive Wahrnehmung
Artikulation
Kommunikation
Grammatik
Konzentration
Wortschatz
durchschnittlicher Förderungsgewinn
Entwicklungszuwachs
DSF-Förderung
Förderungsgewinn

Abb. 8

Untertests im Einzelnen
Köln
40
35
36,5
30
25
21,7
20
31,9
18,4
15
12,9
7
11,0
10
8,8
6,6
3,5
5
8,8
11,4
5,9
11,4
4,6
4,4
2,9
0,9
2,6
0
Auditive Wahrnehmung
Artikulation
Kommunikation
Grammatik
Konzentration
Wortschatz
durchschnittlicher Förderungsgewinn
Entwicklungszuwachs
DSF-Förderung
Förderungsgewinn

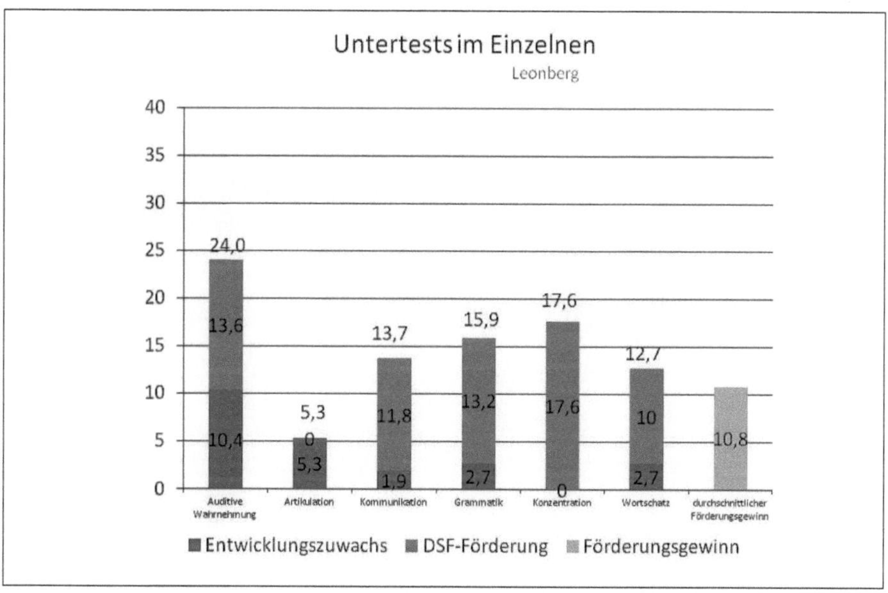

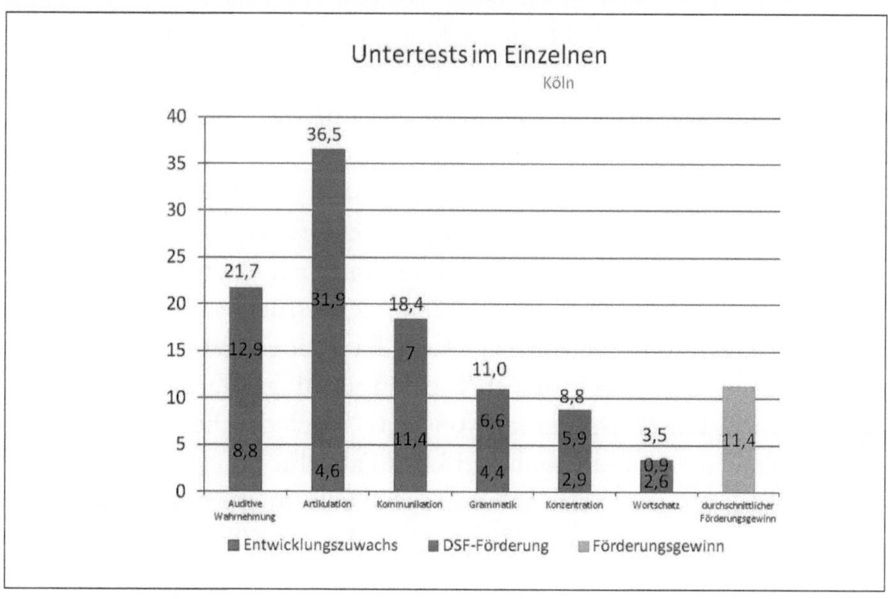

Abb. 9

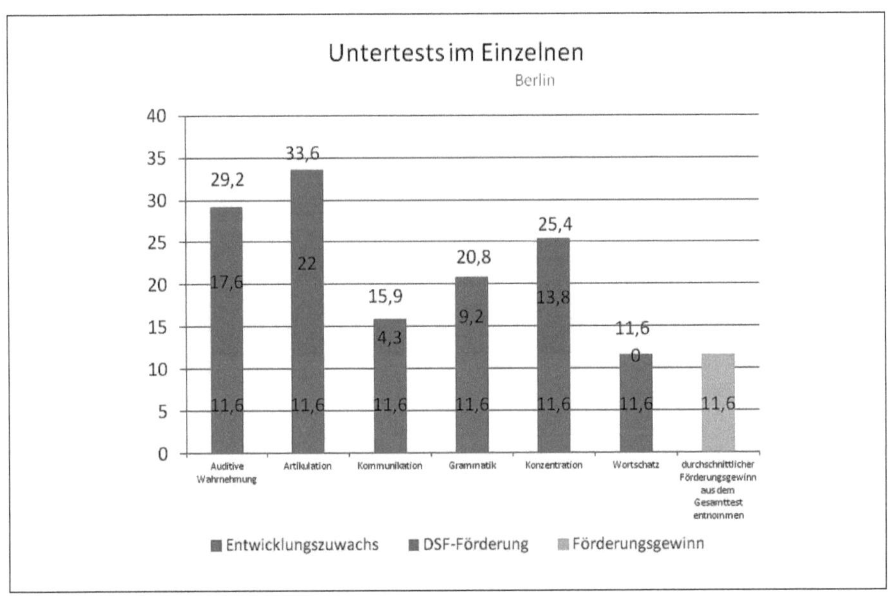

Abb. 10

Die Untertests in allen drei Untersuchungsorten lassen im Durchschnitt – was den Förderungsgewinn durch DSF anbelangt – keine relevanten Unterschiede erkennen. Der Vergleich der einzelnen Untertestergebnisse zwischen den Einrichtungen weist dagegen erhebliche Unterschiede auf.

Worin diese begründet sind, lässt sich anhand des Datenmaterials nicht feststellen. Bedauerlicherweise hat die Berliner Gruppe die zweite Messung der nicht geförderten Kinder aus organisatorischen Gründen nur unvollständig vornehmen können, sodass hilfsweise hierfür das Durchschnittsergebnis der Gesamtgruppe von 11,6 % als Basis eingesetzt wurde.

Auffällig ist auch der große entwicklungsbedingte Zuwachs in Berlin, der mit einem Durchschnittswert von 11,6 % sich deutlich von den Werten in Köln (5,7 %) und Leonberg (3,8 %) abhebt.

Der Untertest „Artikulation" wirft ebenfalls Interpretationsprobleme auf: Zwischen der Leonberger Gruppe und der aus Köln liegt mit 31,2 % die größte Spanne.

Bemerkungen zum Test

Die Reliabilität dieser Stichprobe bringt, berechnet nach Spearman, eine sehr gute Korrelation von r=0,866 (p<1 %). Damit ist die Zuverlässigkeit des DSF-Tests als Messinstrument in erforderlichem Maße gegeben.

Die Face-Validity der vorliegenden Untertests spricht sehr für eine Abhängigkeit vom intellektuellen Entwicklungsalter des Kindes. Ihre Interkorrelationen sind bis jetzt noch unbekannt. Eine vertiefende Faktorenanalyse ist daher geplant, um die Zusammenhänge der Sprachentwicklung, wie sie in den Untertests gemessen werden, für die Interpretation der Ergebnisse beim einzelnen Kind zu ermitteln. Daraus würde sich eine Prognose für die Erstellung von Förderungsprogrammen ableiten lassen.

Mit den eingebrachten Vorschlägen zum weiteren Ausbau des Verfahrens könnte so ein zuverlässiges und anerkanntes Instrumentarium nicht nur für wissenschaftliche Zwecke, sondern auch für den Praktiker geschaffen werden.

Kindergärten, die sich um eine bessere Sprachentwicklung ihrer Kinder unter dem Einsatz von DSF bemühen, wären die Nutznießer eines erweiterten Testverfahrens, indem sie nicht nur ihre Erfolge überprüfen, sondern auch gezielte Förderprogramme anbieten könnten. Die geförderten Kinder wiederum wären die Nutznießer einer deutlich gesteigerten Sprachkompetenz.

Studie III:

Akustische Verbesserung durch den Einsatz von DSF durch Überprüfung der auditiven Verarbeitung sprachlicher Information bei Schülern der 8. und 10. Klasse in Gymnasien

Marion Hermann-Röttgen und Maximilian Köper

Projektleitung: Marion Hermann-Röttgen
Statistische Auswertung: Maximilian Köper

Besser hören – besser „zu"-hören – besser kommunizieren

Anlass und Problem

Zunahme an leistungsschwachen Schulabgängern aus multiplen Gründen, verstärkt durch Migration und Inklusion. Zahlreiche wissenschaftliche Studien beweisen, dass die Konzentration und damit die Lernfähigkeit von Kindern und Jugendlichen durch Lärm negativ beeinflusst werden.

Hypothese

Schon eine geringfügige Verbesserung der akustischen Bedingungen, insbesondere des Sprachsignals, fördert die auditive Verarbeitung von Informationen innerhalb des Unterrichts.

Fragestellung

Verbessert der Einsatz einer mobilen SoundField-Hörsäule (hier „Dynamic SoundField" von Phonak, kurz: DSF) die auditive Verarbeitung sprachlicher Information bei Jugendlichen?

Vergleichende Studie in Gymnasien der Städte Leonberg und Esslingen

- Testgruppen: je 1 Klasse mit 22 Kindern
- Esslingen: 10. Klasse; Leonberg: 8. Klasse
- Testungen zur Effektivitätsmessung
- Zeitraum: je zwei Testungen im Abstand von 7 Tagen

Kriterien zur Auswahl der Schulen

Aufgrund der unterschiedlichen Zusammensetzung von Schülern wurden zwei vom Typ her verschiedene Schulen ausgewählt:

- Albert-Schweizer-Gymnasium Leonberg mit sprachlichem und naturwissenschaftlich-technischem Zug
- John-F.-Kennedy-Schule Esslingen mit Berufs- und Wirtschaftsgymnasien

In der Leonberger Schule wurde der Test im Rahmen des Religionsunterrichts einer 8. Klasse durchgeführt. In der Esslinger Schule wurde der Test im Rahmen des Deutschunterrichts einer 10. Klasse des Wirtschaftsgymnasiums durchgeführt.

Juli 2014: Leonberg

- Laufzeit: 14 Tage
- Erster Test-Durchlauf mit DSF: Diktat von Zungenbrechern + Bibeltext
- Zweiter Test-Durchlauf ohne DSF: Diktat von Zungenbrechern + Bibeltext plus Ausfüllen eines Fragebogens zur Evaluation

Juli 2014: Esslingen

- Laufzeit: 14 Tage
- Erster Test-Durchlauf ohne DSF: Diktat von Zungenbrechern
- Zweiter Test-Durchlauf mit DSF: Diktat von Zungenbrechern plus Ausfüllen eines Fragebogens zur Evaluation

Ablauf

Beide Klassen wurden von den jeweiligen Fachlehrerinnen auf das Projekt vorbereitet. Ein Techniker ergänzte den Unterrichtsablauf und erklärte Funktion und Besonderheit der verstärkenden Anlage. Die Projektleiterin erläuterte den Schülern den wissenschaftlichen Sinn und Zweck der Studie.

Die Testungen in den beiden Schulen wurden bewusst in unterschiedlicher Reihenfolge gewählt: Die Leonberger Schule machte den ersten Test mit der eingeschalteten DSF-Anlage und den zweiten eine Woche danach ohne die akustische Unterstützung. Die Esslinger Schule machte den ersten Test ohne die akustische Unterstützung und den zweiten eine Woche danach mit Unterstützung der eingeschalteten DSF-Anlage. Vermieden werden sollte dadurch, dass die Annahme gemacht wird, die Schüler in der zweiten Runde seien auf jeden Fall durch den Wiederholungseffekt besser, und eine eventuelle Reduzierung der Fehler wäre damit dann nicht auf die akustische Situation zurückzuführen. In beiden Klassen wurde nach dem zweiten Durchlauf ein Fragebogen ausgefüllt, der der Evaluation dient und die Meinung der Schüler direkt anfordert.

In Leonberg war bei dem zweiten Durchlauf ohne DSF nur die Lehrerin und nicht der Techniker mit der Projektleitung anwesend, entsprechend wenig spannend und notwendig schien den Kindern dieser Teil der Testung. Im Übrigen zeigte sich auch, dass sie jünger waren und den Sinn der ganzen Aktion nicht wirklich verstanden hatten. Einige Fragebögen waren deshalb nicht verwertbar, weil die Schüler – nicht erkennend, dass die positive Antwort einmal bei ja und einmal bei nein lag – einfach oben beginnend ihr Kreuz jeweils links machten und kommentierten, es habe ihn gefallen, oder umgekehrt, sie kommentierten „fand ich blöd" und kreuzten dennoch alle Fragen positiv an. Die Esslinger Schüler, die aufgrund ihres Alters reifer sind, waren seriöser in ihrer Teilnahme, was sich dann auch in einer lebhaften Diskussion im Anschluss zeigte.

Das Testmaterial

Zugrunde gelegt wurden jeweils von dem beteiligten Fachlehrer verlesene Diktattexte mit zwei Mal 18 zweizeiligen Zungenbrechern. Die Gleichwertigkeit der beiden Teile wurde im Hinblick auf die Kompliziertheit der Sprache, die phonetischen Herausforderungen von linguistischer Seite überprüft und gewährleistet. Durch Umstellungen verloren die Texte an Wiedererkennbarkeit, sodass der Wiederholungstest mit hochprozentiger Wahrscheinlichkeit denselben Schwierigkeitsgrad aufwies wie der erste Text im ersten Diktat. Dieser Vergleich wurde im Vorfeld mit Kindern mehrfach erprobt und zeigt, dass die beiden Texte stets zu 95 % den gleichen Fehleranteil aufwiesen. In Leonberg wurde zusätzlich zu den Zungenbrechern im Anschluss noch jeweils ein Text von circa 30 Zeilen aus der Bibel diktiert. In Esslingen wurde darauf verzichtet, da die Schüler – im Schnitt mindestens zwei Jahre älter und daher reifer als die Kinder in Leonberg – mit großem Interesse eine Diskussion über die veränderte akustische Situation begannen.

Die Auswertung der Diktate

Die Schüler erhielten im Sinne der Anonymisierung jeweils eine Nummer, die sie im Folgediktat wieder verwendeten. Die Texte wurden unmittelbar nach dem Diktat von der Lehrkraft in verschlossenen Umschlägen an das Institut FON geschickt, das gleiche Prozedere fand bei der Wiederholung statt. Bei der Korrektur der Diktate wurde darauf verzichtet, die Fehler der Zeichensetzung zu vermerken, weil sie mit dem unmittelbaren Hören nicht unbedingt etwas zu tun haben.

Weiterhin wurde unterschieden zwischen verschiedenen Fehlertypen:

R: Rechtschreibfehler, die man „wissen" muss und nicht akustisch klären kann; z. B. „Profet" statt „Prophet" oder „Dahme" statt „Dame" oder „Tuhr" statt „Tour", „das" statt „dass".

PhR: Fehler, die aufgrund von ungenauem Hören oder zusätzlicher Unkenntnis des Wortes an sich („Meine Haare" statt „meine Habe") entstanden sein können, wie „da" statt „dann" oder „Bibel" statt „Liebe" oder „Hans" statt „Hannes".

L: Lücken, weggelassene Wörter, weil der Schüler die Sequenz nicht schnell genug auditiv aufnehmen konnte oder einfach nicht mehr „mitkam".

Das Textdiktat aus der Bibel in Leonberg

In Leonberg wurde zusätzlich zu den Zungenbrechern ein Ausschnitt aus der Bibel diktiert – jedes Mal anders, aber im Schwierigkeitsgrad mehr oder weniger äquivalent.

Es zeigte sich, dass „gute" Schüler, die relativ wenige „Wissensfehler" machen, auf DSF auch sonst weniger angewiesen sind. Betrüblich ist, dass selbst hier kaum ein Kind das Wort „Zahnarzt" auf Anhieb richtig schreibt. Von 22 Kindern nur vier.

Wiederum bemerkenswert ist, dass extrem schwierige biblische Worte richtig geschrieben wurden, offenbar, weil sie von der Lehrkraft systematisch erarbeitet wurden.

Esslingen

In Esslingen wurden nur Zungenbrecher diktiert (kein Text). Die vom Bildungstyp her eher schwächeren Schüler machten erstaunlicherweise auch mehr Wissensfehler, wenn sie nicht genau hören können.

Zwei Schülerinnen haben in der Situation ohne DSF-Anlage den Faden verloren und haben aufgegeben. Beide haben aber in der Situation mit

Lautsprecher durchgehalten und eine einigermaßen normale Fehleranzahl erzielt. Schülerin Nr. 7 hat nur noch gekrakelt und ist „ausgestiegen". Bei Nr. 9 entstand aufgrund der Art der Fehler der Verdacht, dass sie schlecht hört.

Bedingung

Beide Klassenräume hatten eine relativ gute Akustik, sodass im Grunde von guten Bedingungen für den Sprachunterricht ausgegangen werden musste und im Vorfeld Zweifel bestanden, dass unter diesen Bedingungen überhaupt eine merkbare akustische Verbesserung erzielt werden könnte.

Eingesetzt wurde die SoundField-Hörsäule von Phonak, Dynamic SoundField (kurz: DSF), die minimal und nur auf Bedarf hin die Stimme des Lehrers verstärkt, und zwar in der Weise, dass der Klang im ganzen Raum gleichmäßig verstärkt hörbar ist. Der Unterschied zwischen der ersten und der letzten Reihe entfällt mit der Anlage.

Das Team
*   Institut FON, Leonberg-Ditzingen
*   Sprachwissenschaftler, Linguisten, Logopäden
*   Lehrer und Schulleiter
*   Hörgeräteakustiker, Techniker

Evaluation

Erstellung einer Statistik der anonymen Ergebnisse und wissenschaftliche Auswertung durch einen Doktoranden des Instituts für Maschinelle Sprachverarbeitung an der Universität Stuttgart.

DSF

Bei DSF handelt es sich nicht um einen klassischen Lautsprecher, sondern um eine hoch differenzierte Hörsäule, die zu besserem Verstehen in öffentlichen Räumen verhilft. Sie verstärkt minimal die Stimme des durch einen Mikrofon-Clip drahtlos mit dem Gerät verbundenen Sprechers im sprachrelevanten Bereich, und zwar nur dann, wenn es im Raum – aus welchen Gründen auch immer – lauter wird. Das System bewirkt so, dass oder Lehrer niemals die Stimme anheben muss. Gestus, Mimik und Grundstimmung des Sprechenden bleiben immer gleich harmonisch, ohne je aggressiv werden zu müssen. Normal hörende Kinder profitieren von der Beschallungsanlage, die durch ihre zylindrische Schallabstrahlung in allen Teilen des Raumes die Stimme der sprechenden Person annähernd gleichmäßig und deutlich für die Zuhörer verstärkt: Sprachverstehen unabhängig von der Sitzposition im Raum ist nun möglich, Störgeräusche geraten in den Hintergrund. Indem die Stimme der sprechenden Person, z. B. eines Pädagogen, nun immer gut verstanden wird, steigen im gleichen Maße die Hörbarkeit, Konzentration und die Motivation, aktiv am Unterricht teilzunehmen. Darüber hinaus wird die Stimme des Sprechers deutlich geschont. Der Unterschied zwischen der ersten und der letzten Reihe entfällt.

Faszinierend und wichtig für die Orientierung und die Kommunikation zwischen Sprecher und Zuhörer ist, dass der verstärkte Klang nicht aus dem Verstärker zu kommen scheint, sondern sich so gleichmäßig im Raum verteilt, dass der Hörer stets den Sprecher selbst als Quelle des Tons erlebt.

Das System kann zudem auch die sprachliche Kommunikation und den gemeinsamen Unterricht von normal hörenden Kindern und solchen mit Hörverlust unterstützen. Mittels Roger/FM-Technologie kann das innovative System die Stimme des Lehrers direkt auf die Hörgeräte der schwerhörigen Kinder schalten und so für deutlich besseres Verstehen sorgen.

Das Datenmaterial

Das gesamte Datenmaterial umfasst die Ergebnisse der beiden Gymnasien aus den zwei Testphasen. Abbildung 1 veranschaulicht diese Daten in einer Übersicht. An den unterschiedlichen Testphasen waren nicht immer alle Schüler anwesend, daher liegt die Anzahl der auswertbaren Tests unter der Klassengröße: In Leonberg haben 15 Schüler (von 22) unter beiden Konditionen an den Tests teilgenommen. In Esslingen waren dies ebenfalls 15 Schüler (auch von 22). Für den Zungenbrechertest liegen somit

je 60 auswertbare Ergebnisse vor (30 Schüler, jeweils mit und ohne DSF).
Der diktierte Bibeltext, der nur in Esslingen zum Einsatz kam, umfasst 30
Ergebnisse. Zusätzlich liegen die Ergebnisse aus 30 Fragebögen zur Evaluation vor.

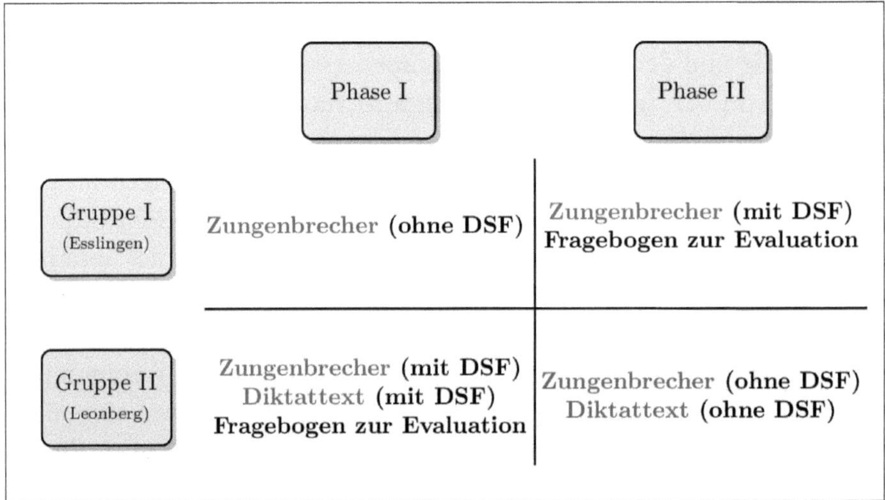

Abb. 1: Testmaterial – Übersicht

Die Methode der Vergleichsuntersuchung

Diese Methode bestand darin, die vorgelegten Datensätze statistisch zu
durchleuchten und die nachgewiesenen Zusammenhänge auf ihre Aussage
zu überprüfen. Dabei stand die Prüfung im Vordergrund, inwieweit die
Ergebnisse rein zufällig oder aufgrund von messbaren Einflüssen zustande kamen und sich daraus Aussagen über den Einfluss von DSF ableiten
lassen.

Zungenbrecher gesamt

Abbildung 2 veranschaulicht die Ergebnisse des Zungenbrechertests. Hierbei wurde je Kondition der Durchschnitt aller 30 Schüler berechnet. Die
jeweiligen Balken veranschaulichen die durchschnittliche Anzahl pro Fehlertyp. Dabei ist deutlich sichtbar, dass Schüler mit DSF weniger Feh-

ler verursachen. Dies ist der Fall für alle Fehlerkategorien. Mithilfe des Wilcoxon-Vorzeichen-Rang-Tests lässt sich darüber hinaus bestimmen, ob diese Unterschiede signifikant sind. Hierbei werden die individuellen Ergebnisse jedes einzelnen Schülers unter beiden Bedingung verglichen. In Abbildung 2 sind signifikante Verbesserungen mit einem Kleene-Sterne markiert, dabei werden zwei Signifikanzniveaus unterschieden:

- ** = p<= 1 % (sehr signifikant)
- * = p <= 5 % (signifikant)

Somit wurde mithilfe DSF eine signifikante Verbesserung in der Kategorie „Lücken" erreicht. Eine sehr signifikante Verbesserung ist hingegen in den Kategorien „Fehler aufgrund ungenauen Hörens", „Gesamt PhR + Lücken" und „Gesamt Fehler" erreicht. Der Unterschied in der Kategorie „Rechtschreibfehler" ist hingegen nicht signifikant.

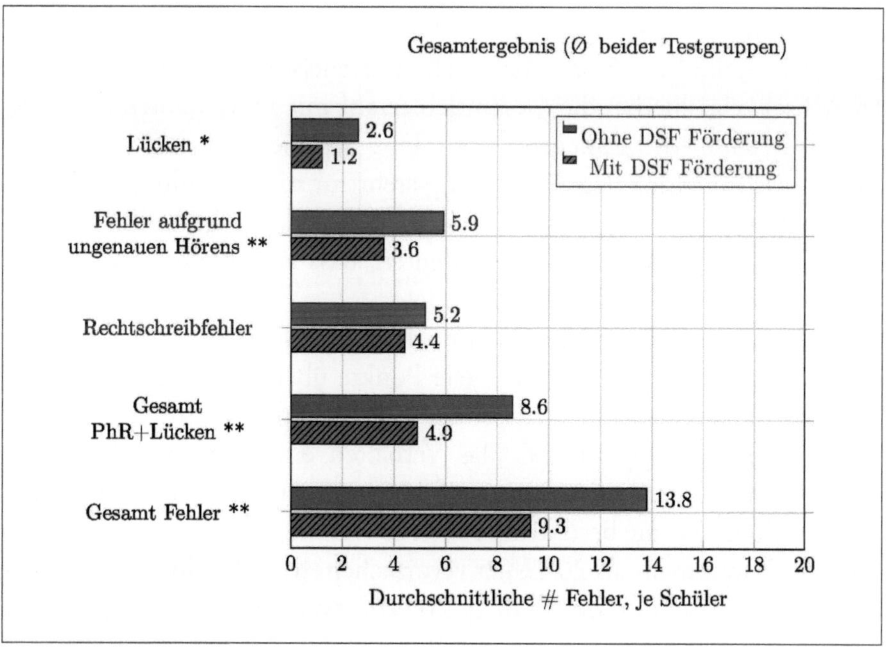

Abb. 2: Gesamtergebnis Zungenbrecher

Zungenbrecher Teilergebnisse

Betrachtet man die Teilergebnisse je Gruppe, ergibt sich ein ähnliches Bild. Abbildung 3 zeigt die Ergebnisse aus der Esslinger Gruppe und Abbildung 4 die aus Leonberg. Deutlich sichtbar profitieren beide Gruppen von DSF. Der zeitliche Abstand zwischen beiden Tests scheint hierbei keinen Einfluss auf die Ergebnisse gehabt zu haben. Die Leonberger Gruppe kannte die Zungenbrecher bei der zweiten Phase bereits, aber erreichte dennoch durchschnittlich schlechtere Ergebnisse als mit DSF.

Darüber hinaus zeigen sich hier auch Unterschiede zwischen den beiden Gruppen. Die Esslinger Gruppe umfasst zwar Schüler der 10. Klasse, aber diese erreichen dennoch deutlich schlechtere Ergebnisse als die 8.-Klässler aus Leonberg.

Aus den bisherigen Darstellungen geht zwar hervor, dass im Durchschnitt alle Schüler von DSF profitieren, es wird aber bisher keine Unterscheidung in leistungsschwache oder leistungsstarke Schüler vorgenommen. Abbildung 5 zeigt daher alle Einzelleistungen. Die horizontale (X-Achse) zeigt hierbei die Gesamtfehlerzahl mit DSF, während die vertikale (Y-Achse) die Fehlerzahl ohne DSF repräsentiert. Jeder Punkt in dieser zweidimensionalen Darstellung steht für die individuelle Leistung eines Schülers. Die diagonale Linie repräsentiert dabei die Nullhypothese; Punkte auf oder nahe der Linie bedeuten, dass kein Unterschied in den beiden Konditionen sichtbar ist.

In dieser Darstellung sieht man noch einmal deutlich, dass ohne DSF mehr Fehler verursacht werden (viele Punkte über der Linie). Außerdem wird der starke Unterschied zwischen beiden Gruppen sichtbar.

Besonders auffällig ist aber das Verhalten einzelner Ausreißer. Leistungsschwache Schüler profitieren oft besonders stark von DSF, dies sieht man an Punkten mit besonders hohen Y-Werten. So gibt es Schüler, die ohne DSF weit mehr als 20 Fehler verursachen. Mit DSF hingegen gibt es lediglich einen Schüler, der mehr als 20 Fehler verursacht, und selbst dieser verbessert sich um 4 Fehler.

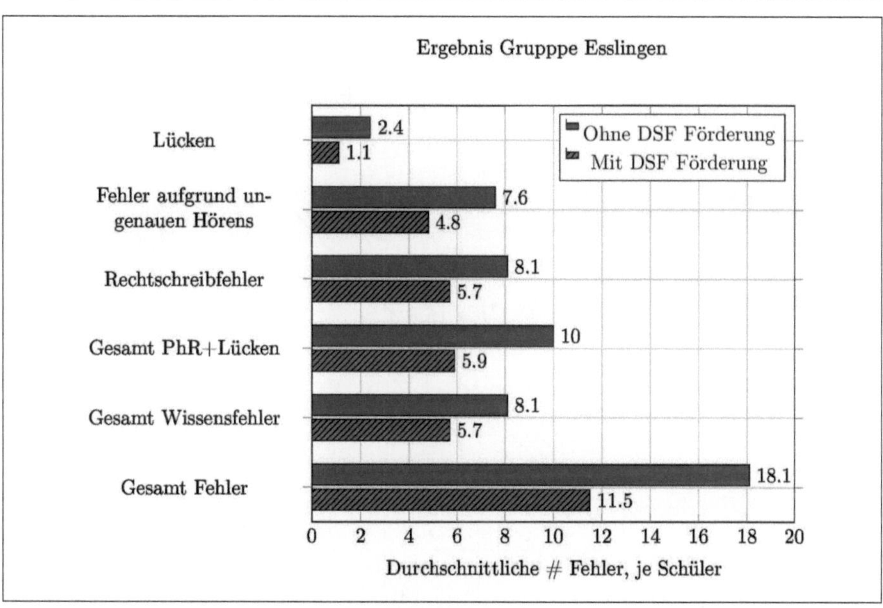

Abb. 3: Ergebnisse Zungenbrecher (Esslingen)

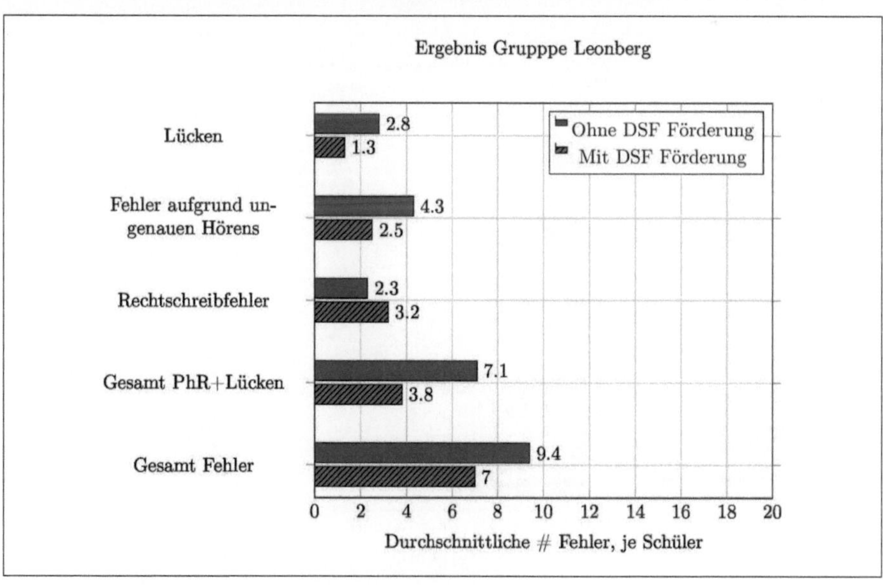

Abb. 4: Ergebnisse Zungenbrecher (Leonberg)

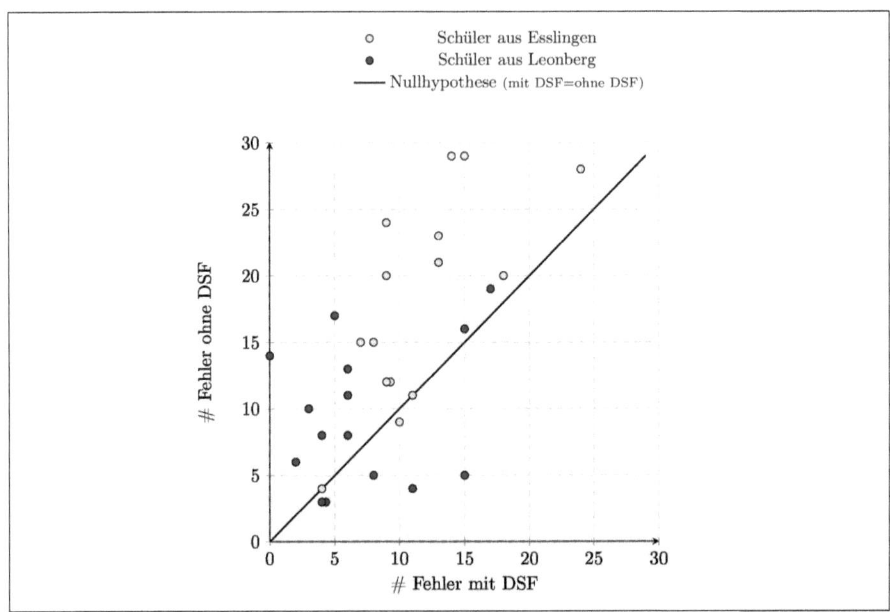

Abb. 5: Gesamtanzahl der Fehler, je Schüler unter beiden Konditionen

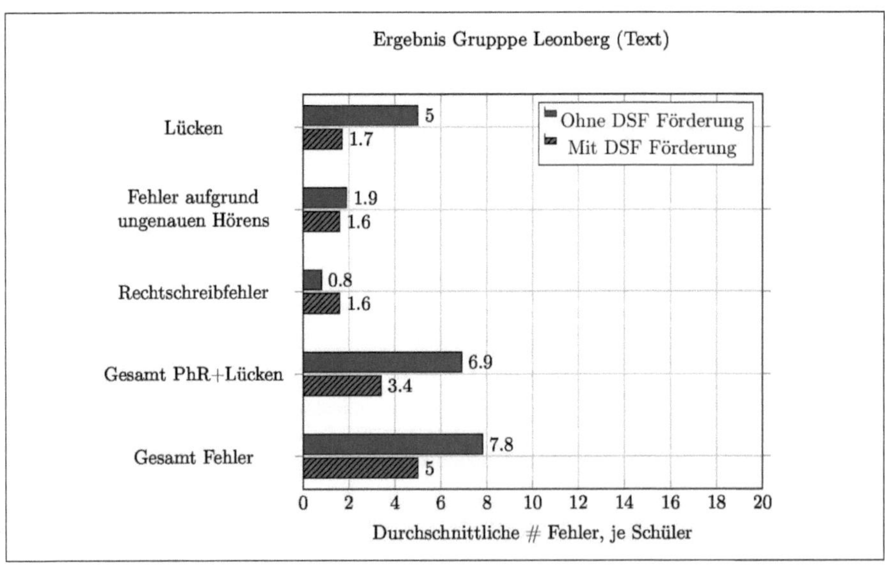

Abb. 6: Ergebnis Bibeltext – Leonberg

Bibeltext: Ergebnis

Die Ergebnisse des Bibeltext-Diktats zeigen ein ähnliches Bild wie bei den Zungenbrechern. Verbesserungen werden hier ebenfalls mit DSF erzielt, nicht betroffen von diesem Effekt sind jedoch klassische Rechtschreibfehler (Wissensfehler). Abbildung 6 veranschaulicht, wie viele Fehler ein Schüler durchschnittlich je Kategorie produziert.

Fragebogen zur Evaluation – Ergebnis

Die Auswertung des Fragebogens gestaltete sich schwierig, denn viele Schüler machten zu häufig Gebrauch von der „Neutral"-Option. Eine klare Mehrheit kam deshalb bei vielen Fragen nicht zustande. Abbildung 7 veranschaulicht die Ergebnisse des Fragebogens für beide Gruppen.

Interessant im Hinblick auf die hier untersuchte Hypothese sind folgende Ergebnisse:

Die Lautstärke im Klassenzimmer ist für viele Schüler wichtig. 66,6 % der Schüler sagen von sich selbst, dass sie besser lernen, wenn es ruhig im Raum ist. Lediglich 5 % stimmen dieser Aussage nicht zu. Eine deutliche Aussprache des Lehrers ist vielen Schülern besonders wichtig beim Erlernen von Fremdsprachen (76,9 % stimmen zu).

Gleichzeitig zeigt sich, dass die DSF-Anlage aktiv von den Schülern kaum wahrgenommen wurde. Trotz der verbesserten Ergebnisse in den Zungenbrecher- und Diktattests empfanden lediglich 56 % mehr Ruhe im Raum mit Lautsprechern (20,5 % stimmen nicht zu). Die Frage, ob die Stimme des Lehrers mit Lautsprecherumgebung deutlicher war, ergab ebenfalls ein eher neutrales Ergebnis. Bei einer ähnlichen Frage sagten 58 %, sie konnten keinen Unterschied in den beiden Situationen feststellen. Darüber hinaus empfanden aber auch nur 10,2 % die Situation mit den Lautsprechern als unnatürlich, 64 % empfanden dies nicht.

Die detaillierten Ergebnisse dieser Umfrage sind im Anhang gelistet.

Abb. 7: Gesamtergebnisse Fragebogen zur Evaluation

Bemerkungen zum Test: Empfehlung

Unabhängig von den Ergänzungsmöglichkeiten durch weitere Tests und Lehrerbefragungen zur Stimmentlastung lässt sich schon heute sagen, dass der Einsatz einer SoundField-Hörsäule in Schulen sinnvoll und wünschenswert ist. In Anbetracht des Geräuschpegels in Grundschulen und weiterführenden Schulen während der Unterrichtszeit kann erwartet werden, dass die Lernqualität deutlich zunehmen würde, von einer Entlastung der Lehrer ganz abgesehen.

FRAGE	STIMME ZU	NEUTRAL	STIMME NICHT ZU
Der Lärm von außen stört genauso wie immer.	40%	40%	20%
Ich empfand die Lautsprecher-Umgebung als unnatürlich.	20%	25%	55%
Ich habe nie darüber nachgedacht, ob es in der Schule zu laut ist.	65%	30%	5%
Ich kann allen Lehren auch ohne Mikrophon gut im Unterricht folgen.	65%	25%	10%
Ich konnte keinen Unterschied feststellen.	10%	75%	15%
Ich konnte mich ohne Lautsprecher Umgebung besser konzentrieren	10%	70%	20%
Lärm durch andere Mitschüler macht mir nichts aus.	40%	35%	25%
Mir sind die schriftlichen Materialien wichtiger als das, was man uns beibringt.	30%	35%	35%
Unsere Klassenräume sind akustisch angenehm, es hallt nicht.	40%	40%	20%
Beim Erlernen von Fremdsprachen ist die deutliche Aussprache des Lehrers wichtig.	60%	30%	10%
Ich empfand die Stimme der Lehrerin als deutlicher.	30%	35%	35%
Ich fand die Arbeit mit der neuen Situation interessant.	35%	30%	35%
Ich lerne besser, wenn es ruhig im Raum ist.	55%	35%	10%
Manche Lehrer reden sehr leise und undeutlich.	45%	35%	20%
Manche Lehrer sollten die Entlastung eines Mikrophons nutzen.	35%	25%	40%
Manchmal komme ich nicht mit, weil ich die Lehrer schlecht verstehe.	30%	30%	40%
Mit Lautsprecher war mehr Ruhe in der Klasse.	30%	25%	45%
Störende Geräusche durch Mitschüler wurden heute deutlicher wahrnehmbar.	20%	25%	55%

Tab. 1: Fragebogen zur Evaluation: Leonberg

FRAGE	STIMME ZU	NEUTRAL	STIMME NICHT ZU
Der Lärm von außen stört genauso wie immer.	21.05%	63.16%	15.79%
Ich empfand die Lautsprecher-Umgebung als unnatürlich.	0.00%	26.32%	73.68%
Ich habe nie darüber nachgedacht, ob es in der Schule zu laut ist.	36.84%	26.32%	36.84%
Ich kann allen Lehren auch ohne Mikrophon gut im Unterricht folgen.	47.37%	36.84%	15.79%
Ich konnte keinen Unterschied feststellen.	31.58%	42.11%	26.32%
Ich konnte mich ohne Lautsprecher Umgebung besser konzentrieren	0.00%	52.63%	47.37%
Lärm durch andere Mitschüler macht mir nichts aus.	15.79%	26.32%	57.89%
Mir sind die schriftlichen Materialien wichtiger als das, was man uns beibringt.	21.05%	52.63%	26.32%
Unsere Klassenräume sind akustisch angenehm, es hallt nicht.	73.68%	15.79%	10.53%
Beim Erlernen von Fremdsprachen ist die deutliche Aussprache des Lehrers wichtig.	94.74%	5.26%	0.00%
Ich empfand die Stimme der Lehrerin als deutlicher.	42.11%	52.63%	5.26%
Ich fand die Arbeit mit der neuen Situation interessant.	89.47%	10.53%	0.00%
Ich lerne besser, wenn es ruhig im Raum ist.	78.95%	21.05%	0.00%
Manche Lehrer reden sehr leise und undeutlich.	47.37%	31.58%	21.05%
Manche Lehrer sollten die Entlastung eines Mikrophons nutzen.	42.11%	36.84%	21.05%
Manchmal komme ich nicht mit, weil ich die Lehrer schlecht verstehe.	36.84%	42.11%	21.05%
Mit Lautsprecher war mehr Ruhe in der Klasse.	84.21%	5.26%	10.53%
Störende Geräusche durch Mitschüler wurden heute deutlicher wahrnehmbar.	5.26%	31.58%	63.16%

Tab. 2: Fragebogen zur Evaluation: Esslingen

Frage	Stimme zu	Neutral	Stimme nicht zu
Der Lärm von außen stört genauso wie immer.	30.77%	51.28%	17.95%
Ich empfand die Lautsprecher-Umgebung als unnatürlich.	10.26%	25.64%	64.10%
Ich habe nie darüber nachgedacht, ob es in der Schule zu laut ist.	51.28%	28.21%	20.51%
Ich kann allen Lehren auch ohne Mikrophon gut im Unterricht folgen.	56.41%	30.77%	12.82%
Ich konnte keinen Unterschied feststellen.	20.51%	58.97%	20.51%
Ich konnte mich ohne Lautsprecher Umgebung besser konzentrieren	5.13%	61.54%	33.33%
Lärm durch andere Mitschüler macht mir nichts aus.	28.21%	30.77%	41.03%
Mir sind die schriftlichen Materialien wichtiger als das, was man uns beibringt.	25.64%	43.59%	30.77%
Unsere Klassenräume sind akustisch angenehm, es hallt nicht.	56.41%	28.21%	15.38%
Beim Erlernen von Fremdsprachen ist die deutliche Aussprache des Lehrers wichtig.	76.92%	17.95%	5.13%
Ich empfand die Stimme der Lehrerin als deutlicher.	35.90%	43.59%	20.51%
Ich fand die Arbeit mit der neuen Situation interessant.	61.54%	20.51%	17.95%
Ich lerne besser, wenn es ruhig im Raum ist.	66.67%	28.21%	5.13%
Manche Lehrer reden sehr leise und undeutlich.	46.15%	33.33%	20.51%
Manche Lehrer sollten die Entlastung eines Mikrophons nutzen.	38.46%	30.77%	30.77%
Manchmal komme ich nicht mit, weil ich die Lehrer schlecht verstehe.	33.33%	35.90%	30.77%
Mit Lautsprecher war mehr Ruhe in der Klasse.	56.41%	15.38%	28.21%
Störende Geräusche durch Mitschüler wurden heute deutlicher wahrnehmbar.	12.82%	28.21%	58.97%

Tab. 3: Gesamtergebnisse Fragebogen zur Evaluation

Studie IV:

Er_hörte Stadt – eine Studie zur Erfassung der Wirkung von akustischen Gegebenheiten im städtischen Raum. Quantitative Analyse der Befragungsergebnisse

Gero Kerig

Inhalt

Ein Projekt der Arbeitsgruppe „HIDS"
(Hören in der Stadt)

Einleitung

Einen Schwerpunkt des Projekts bildete die experimentelle Erfassung von Hörerlebnissen. Der dazu eingerichtete akustische Lehrpfad führte an fünf Orte innerhalb Wiens. Ausgesucht waren sie unter dem Gesichtspunkt, möglichst unterschiedliche akustische Landschaften im Weichbild der Großstadt zu erfassen.

Dabei handelt es sich um:
1. Bahnhof Wien Mitte
2. Stadtpark
3. Schwarzenbergplatz / Straßenbahn
4. Brunnen am Schwarzenbergplatz
5. Russisch-orthodoxe Kirche

Gemäß dem Anspruch der HIDS-Gruppe widmeten sich die Autoren der Studie vor allem „dem unerhörten akustischen Schicksal der jungen und jüngsten Mitglieder unser Lärmzivilisation und zeigen die Aspekte aus ihren und für ihren Bereich wirkend, der auch für Erziehungsberechtigte und Bildungsverantwortliche von Interesse ist". Der Auftrag, sich um diesen Problemkreis des Hörens zu kümmern, ergeht somit sowohl an die privaten wie auch öffentlichen Bildungs- und Erziehungsinstitutionen.

Die Versuchsgruppe bestand aus 532 Schülern aus unterschiedlichen Wiener Bezirken einschließlich 18 erfasster Begleitpersonen. Sie lassen sich in ihren Antworten aber statistisch nicht von den Jugendlichen unterscheiden ($r=0{,}8$, $p<5\,\%$). Die Altersstreuung ist leider nicht dokumentiert. Ebenso gibt es keine Angaben über die Geschlechtszugehörigkeit der Befragten.

Die Versuchspersonen wurden mit fünf Fragebatterien konfrontiert:
1. „Wie laut ist es hier?"
2. „Wie unangenehm ist es hier?"
3. „Welcher Klang beeindruckt mich hier?"

4. „Welche Frage habe ich zu dieser Hörstation?"
5. „Was mir jetzt gerade durch den Kopf geht."

Die Fragen 1 und 2 wurden durch Ankreuzen einer fünfteiligen Urteilsskala mit den Kategorien „nicht – wenig – mittelmäßig – ziemlich – sehr" beantwortet. Die Antworten der Fragen 3, 4 und 5 sollten mittels weniger Sätze gegeben werden. Insgesamt wurden 2571 Antworten ausgewertet. Im Folgenden werden die Ergebnisse im Einzelnen vorgestellt.

1 Lautstärke:

In Abbildung 1 bilden sich die Orte, in eine Rangreihe gebracht, so ab, dass die Kirche als der ruhigste Ort und die Station Schwarzenbergplatz / Straßenbahn am lautesten erlebt werden.

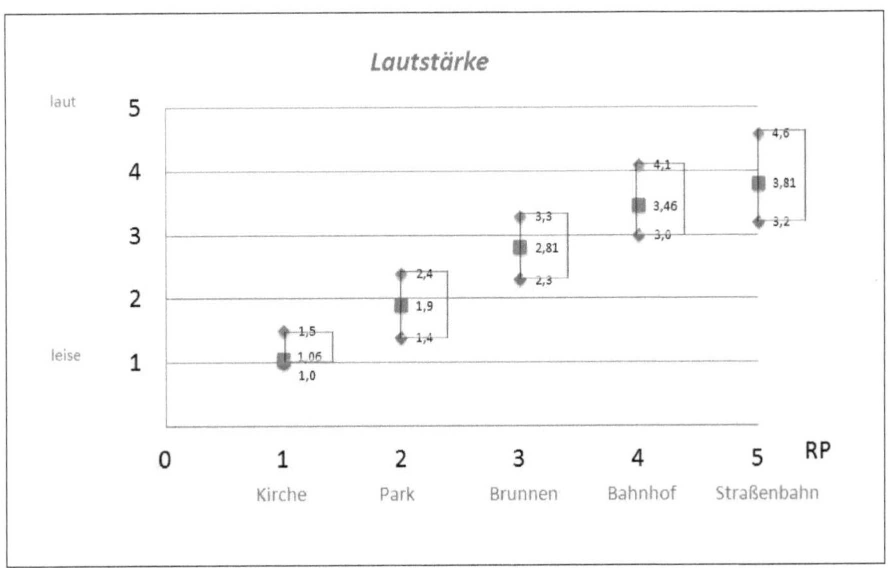

Abb. 1

Die Differenz der Werte der absoluten Streuungsbreite lässt dabei bereits erkennen, dass es sich um verschiedene akustische Geländetypen handelt. Die Korrelationen zwischen den Orten bestätigen diesen Befund.

Der Park steht den Orten Bahnhof und Schwarzenbergplatz / Straßenbahn abgegrenzt gegenüber, während der Brunnen eine Mittelstellung einnimmt. Die Kirche zeigt keine signifikante Korrelation, die durchweg negativen Vorzeichen lassen eine Tendenz zu einer eigenen Qualität der Lautstärke vermuten (siehe Anlage).

	Bahnhof	Park	Straßenbahn	Brunnen	Kirche
Bahnhof	1,0	n.s.	0,953 p=0,005	n.s.	n.s.
Park	–	1,0	n.s.	n.s.	n.s.
Straßenbahn	–	–	1,0	n.s.	n.s.
Brunnen	–	–	–	1,0	n.s.

Tab. 1: Lautstärke

2 Erlebnisqualität

Wie aus Abbildung 2 hervorgeht, entspricht die Rangreihe der Orte derjenigen der Lautstärke mit einer Ausnahme: Park und Kirche haben die Rangplätze getauscht.

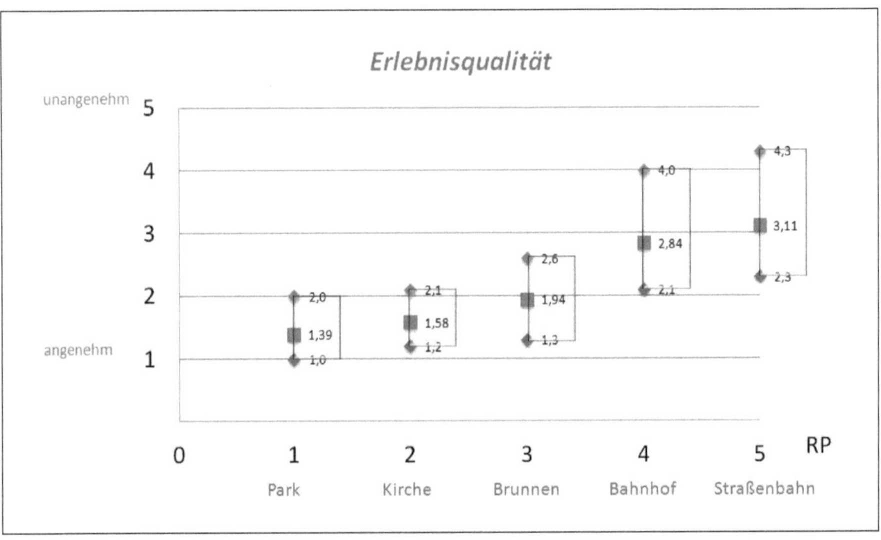

Abb. 2

Damit wird das Bild, das für die akustischen Landschaften bei der Skalierung der Lautstärke gewonnen wurde, noch deutlicher.

Die Ergebnisse der Dokumentation der Erlebnisqualität zeigen sowohl in Abbildung 2 als auch in Abbildung 4, dass sich die Orte klar unterscheiden. Park und Kirche werden als angenehm, Bahnhof und Straßenbahn als unangenehm erlebt. Der Brunnen wird trotz seines Mischgebietcharakters, was die Lautstärke betrifft, der angenehmen akustischen Landschaft zugeordnet.

	Bahnhof	Park	Straßenbahn	Brunnen	Kirche
Bahnhof	1,0	n.s.	0,862 p=0,02	n.s.	n.s.
Park	–	1,0	n.s.	n.s.	n.s.
Straßenbahn	–	–	1,0	n.s.	n.s.
Brunnen	–	–	–	1,0	0,85 p=0,03

Tab. 2: Erlebnisqualität

Die Abbildungen 3 und 4 verdeutlichen die hier gefundenen Zusammen-hänge in der dreidimensionalen Darstellung noch einmal in anschaulicher Form.

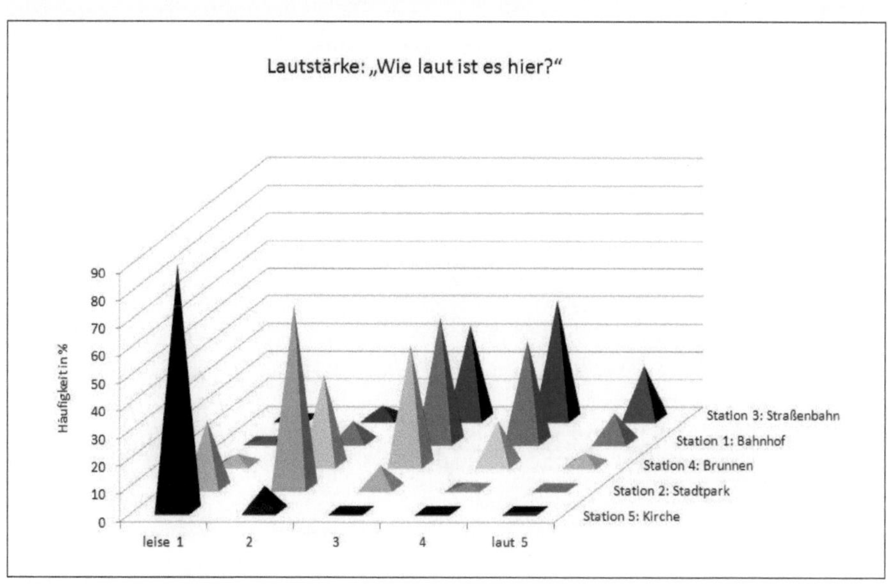

Abb. 3

Erlebnisqualität: „Wie unangenehm ist es hier?"
Häufigkeit in %
90
80
70
60
50
40
30
20
10
0
angenehm 1
2
3
4
unangenehm 5
Station 3: Straßenbahn
Station 1: Bahnhof
Station 4: Brunnen
Station 5: Kirche
Station 2: Stadtpark

Abb. 4

Lautstärke und Erlebnisqualität
50
45
40
35
30
25
20
15
10
5
0
Antworten in %
leise / angenehm
2
3
4
laut / unangenehm
Erlebnisqualität   Lautstärke

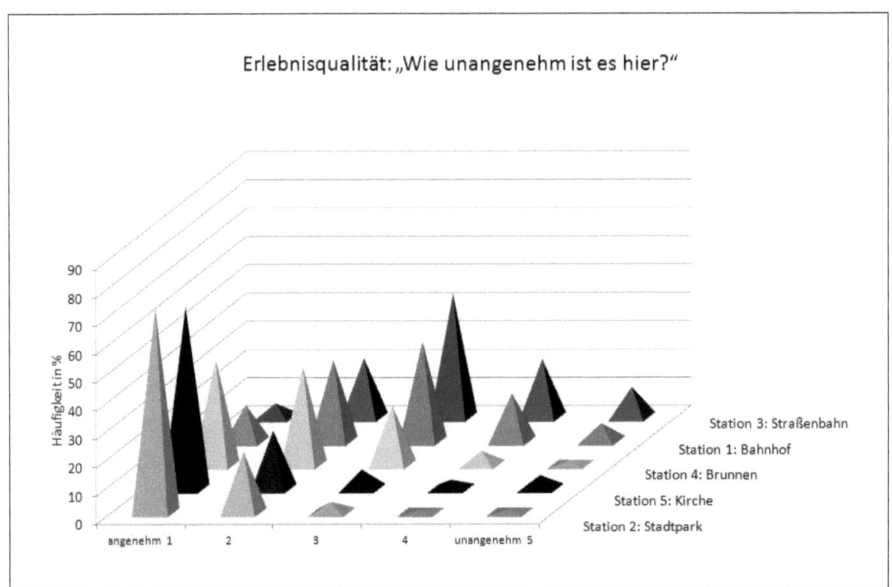

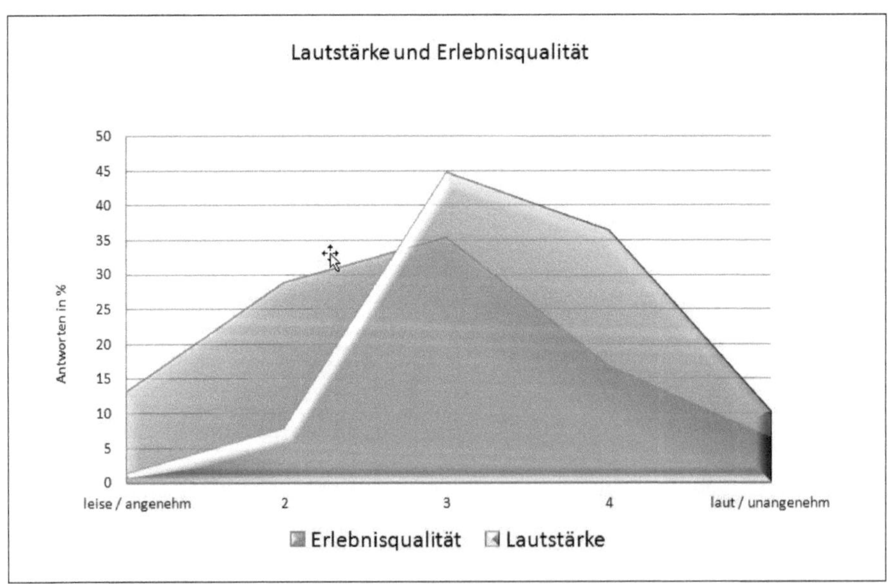

Abb. 5

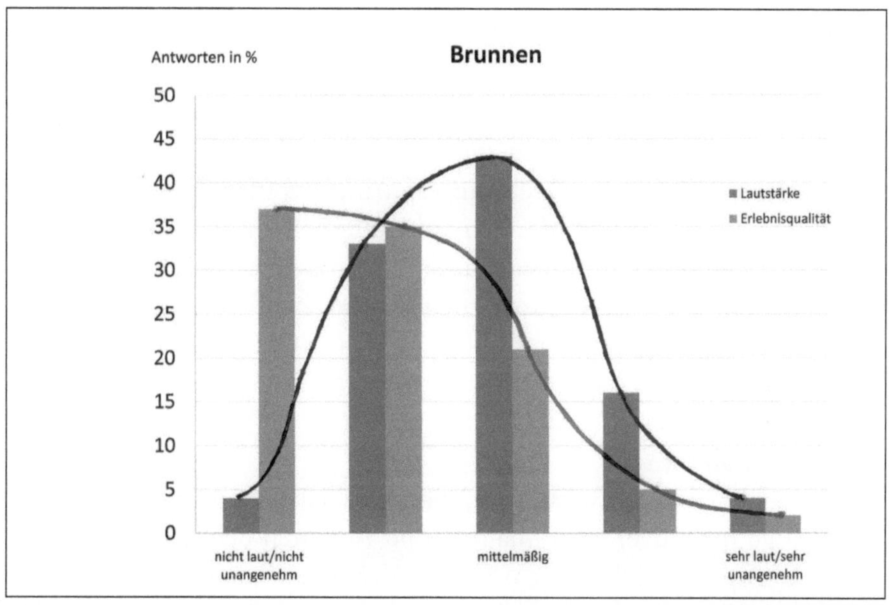

Abb. 6

Die Verteilung der Werte bei der Station „Brunnen" zeigt augenfälliger-
weise, wie bei der „Lautstärke" eine Normalverteilung und bei der „Erlebnisqualität" eine J-Kurve als Verteilungstypen zugrunde liegen.

Lautstärke wird demnach als mittelstark empfunden mit nahezu gleich-
mäßigen Abweichungen in die Richtungen „laut" und „leise", was unter-
streicht, dass diese Hörstation zwischen den anderen akustischen Landschaften Park / Kirche einerseits und Straßenbahn / Bahnhof andererseits
liegt.

Die Verteilung der „Erlebnisqualität" folgt dieser Verteilung der Lautstärke indessen nicht. Ihr Verlauf ist typisch für soziale Urteile, die Mehrzahl ist sich einig darüber, was als angenehm oder eben unangenehm empfunden wird, wenige weichen stufenweise davon ab.

3 Die Frage nach dem beeindruckenden Klang

Hier wird die methodische Fragestellung aufgeworfen, wie die freien Antworten ausgewertet werden sollen. Von den Autoren war durch das Beeindruckende die Erlebnisseite angesprochen worden. Es war also nach den Antworten zu suchen, die sich am häufigsten auf den speziellen Ort bezogen. Sie konnten dann in Klassen zusammengefasst und ausgezählt werden. Somit konnte die Auswertung der Frage auf eine quantifizierbare Basis gestellt werden. Für die fünf Stationen ergaben sich folgende Rubriken:

1. Station: Bahnhof

a. Technische Bahnhofsgeräusche, darunter fallen Antworten wie das Bremsen der Züge, das Einfahren und Abfahren der Züge, der Klang der Lautsprecheranlagen, das Öffnen der Türen, die Lokomotiven. Sie machen 375 bei einer Gesamtzahl von 472 Antworten (79 %) aus.

b. Geräusche, die von Menschen verursacht werden, wie z. B. Leute, die reden, meine Stimme, die Stimme unseres Führers etc. 39 Antworten (8,3 %) fallen unter diese Rubrik.

c. Sonstige Geräusche, hierzu gehören das Rauschen von irgendetwas, Stille, permanentes Surren, die Tauben, die Startmusik der ÖBB, das Donnern der Straßenbahn über uns etc. Die Zahl solcher Antworten betrug 58 (12,3 % der Gesamtzahl).

2. Station: Stadtpark

Die vergleichsweise hohe Antwortzahl von 734 ließ eine differenziertere Rubrizierung als beim Bahnhof mit nur 472 Angaben angezeigt erscheinen. Es wurden folgende Rubriken gebildet:

a. Tiere und Pflanzen mit 393 (53 %) der Antworten

b. Wasser mit 159 (21,4 %) der Antworten

c. Menschen mit 42 (5,7 %) der Antworten

d. Stille und Ruhe mit 51 (6,9 %) der Antworten

e. Sonstige mit 98 (13,2 %) der Antworten

Fasst man die Geräusche von Tieren / Pflanzen und Wasser und Stille / Ruhe zusammen zu Parkgeräuschen, so erhält man 81 % der Antworten. Sie machen das Charakteristikum des Parks als akustische Landschaft aus.

3. Station: Schwarzenbergplatz / Straßenbahn

Der Charakter des verkehrsreichsten innerstädtischen Platzes in Wien bildet sich recht unmittelbar auch in den Erlebnissen beeindruckender Klänge ab: Die Gesamtzahl der Antworten betrug 432. 400 von ihnen (92,6 %) bezogen sich auf Verkehrsgeschehnisse, verursacht von Autos, Straßenbahnen und Fiakern, und 11 (2,5 %) auf Menschen. 21 Antworten (4,9%) bezogen sich auf verschiedene sonstige Geräusche.

4. Station: Brunnen

Mit der Gesamtzahl von 609 Antworten ist der Brunnen nach dem Stadtpark die Station mit den häufigsten Antworten. Es ist ein Ort, an dem Stille nur von 7 Personen (1,1 %) wahrgenommen wird. Der im Hintergrund vorhandene Verkehrslärm wird dagegen von 84 Personen (13,8 %) verbalisiert.

Für die meisten ist jedoch das Geräusch des Wassers das beeindruckendste: 400 Personen (65,7 %) erwähnen es. Sonstige Klänge werden von 19 Personen (3,1 %) angegeben. Von Menschen erzeugte Klänge werden insgesamt nur von 16 Personen (2,6 %) erwähnt. Musik, die aber nur von fünf Gruppen angetroffen wurde, benannten 50 (13,6%) als beeindruckendsten Klang.

5. Station: Kirche

Mit nur 380 Antworten hat diese Station die geringste Anzahl von Antworten aufzuweisen. Dominant ist die Erwähnung von Stille und Ruhe, sie macht 271 (71,3 %) Antworten aus. Die von Menschen erzeugten Klänge ergeben 29 (7,6 %) Antworten, der Lärm, der von außen immer noch zu hören ist, 27 (7,1 %) Antworten. Sonstige Klangquellen werden von 53 Personen (13,9 %) angeführt.

Zusammenfassung

Zusammenfassend kann festgestellt werden, dass es jeweils hohe Übereinstimmungen bei den Befragten gab, welche Klänge besonders beeindruckten. Es waren bei:

1. Station Bahnhof die technischen Geräusche mit 79 %.
2. Station Stadtpark die unter dem Begriff der Parkgeräusche zusammengefassten Klänge Tiere / Pflanzen, Wasser, Stille / Ruhe mit 81,3 %.
3. Station Schwarzenbergplatz / Straßenbahn der Verkehrslärm mit 92,6 %.
4. Station Brunnen die Geräusche des Wassers mit 65,7 %.
5. Station Kirche die Stille mit 71,3 %.

Bildet man diese Ergebnisse in einer Rangreihe ab, die Auskunft darüber gibt, mit welcher Eindeutigkeit die Übereinstimmungen der Antworten bestehen, ergibt sich folgendes Bild:

1. Höchste Übereinstimmung bestand bezüglich der Station 3 (Straßenbahn).
2. Es folgt die Station 2 (Park).
3. An dritter Stellt steht in der Übereinstimmung der Antworten Station 1 (Bahnhof).
4. Auf sie folgt Station 5 (Kirche).
5. An letzter Stelle steht, was die Übereinstimmung der Antworten betrifft, die Station 4 (Brunnen).

Parallelisiert man Lautstärke, Erlebnisqualität und Übereinstimmung der Klangbewertungen, ergibt sich der in Tabelle 3 dargestellte Zusammenhang.

Die Überprüfung der drei Dimensionen mit dem Kendall'schen Konkordanzkoeffizienten ergab zwar einen Korrelationswert von 0,711, der jedoch nicht signifikant ist, weil die Wahrscheinlichkeit des Zufalls außerhalb der 5-%-Marke bei ca. 8 % liegt. Oder anders ausgedrückt: Die Wahrscheinlichkeit, dass der dargestellte Zusammenhang zwischen den drei Dimensionen kein Zufall ist, beträgt nur 92 %.

	Lautstärke	Erlebnis-qualität	Übereinstimmung der Klangbewertungen
Park	2	1	4
Kirche	1	2	2
Brunnen	3	3	1
Bahnhof	4	4	3
Schwarzenbergplatz / Straßenbahn	5	5	5

Tab. 3

Lässt sich aus der Beurteilung der Lautstärke noch mit einer Sicherheit von ca. 81 % die Erlebnisqualität voraussagen (r=0,9, p<5 %), geht dieser Zusammenhang bei der Hinzunahme der Klangbeurteilung in dieser Eindeutigkeit verloren. Inwieweit dieser Verlust von Eindeutigkeit den Versuchsaufbau, also methodischen Problemen, anzurechnen oder auf die tatsächlichen unterschiedlichen Hörerlebnisse zurückzuführen ist, lässt sich mit dem vorliegenden statistischen Material leider nicht klären.

4 Welche Frage habe ich zu dieser Hörstation?

Da diese Frage nur von 36,4 % der Teilnehmer beantwortet wurde und die wenigen Antworten, zum Teil auch in qualitativer Hinsicht, nichtssagend waren – von manchen Gruppen wurde sie überhaupt nicht beantwortet –, wurde von einer Auswertung dieser Frage abgesehen.

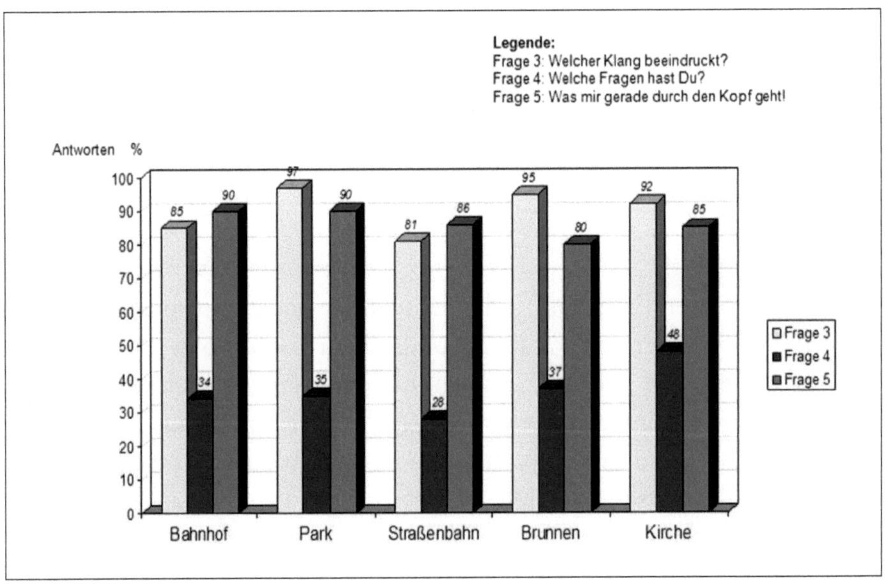

Abb. 7: Antworthäufigkeiten für die Fragen 3, 4, und 5

5 „Was mir jetzt gerade durch den Kopf geht"

Da es sich hierbei nicht um eine gezielte Frage nach einem konkreten Erlebnis handelt, wurde die Frage rein qualitativ ausgewertet. Dabei wurde versucht, eine vorherrschende Thematik bezogen auf die jeweilige Station herauszuarbeiten.

1. Station: Bahnhof

Es dominieren die negativen Gefühlsäußerungen wie
- „Ich habe Hunger."
- „Ich habe Durst."
- „Ich bin müde."
- „Es ist kalt."
- „Der Geruch."
- „Ich habe Kopfschmerzen."
- „Es ist total unangenehm."
- „Ich bin froh, dass ich diesen Ort nicht oft aufsuchen muss" u. Ä.

Gelegentlich werden auch einzelne Geräusche wie
- „das Quietschen der Bremsen" genannt.

Die abschweifenden Assoziationen sind selten, wie z. B.
- „Ich muss noch Bio-Hausaufgaben machen."
- „Kekse"
- „Kino".

Hin und wieder tauchen positiv gestimmte Gefühlsreaktionen auf, z. B.
- „dass dieser Ausflug sehr interessant ist".
- „Ich möchte gerne verreisen."

Dazu kommen auch die ebenfalls seltenen Interessenfragen wie z. B.
- „Woher kommt das Motorengeräusch, wenn der Zug steht?"

* „Wie viele Menschen steigen in den Zug ein?"

Insgesamt fällt eine geringe Differenzierung der Gedanken auf.

2. Station: Stadtpark

Ein Band gestufter Erlebnisreaktionen bildet sich hier in den Fragen zum Stadtpark ab. Eine Gruppe assoziiert hier:
* „Idylle"
* „Naturliebe"
* „Gutes Nachdenken"
* „Sehnsucht nach Landleben"
* „Dass es hier sehr schön ist"
* „Freude"
* „Wenn es überall so friedlich wäre."

... sowie auf die Umwelt bezogene Gedanken wie:
* „Leise Geräusche"
* „Vogelgezwitscher"
* „Das Schnattern der Enten"
* „Die warme Sonne".

Der Hintergrund der Stadt mit ihren Lärmquellen wird ebenso thematisiert:
* „wie die Ruhe des Parks durch den Herzschlag der Stadt belebt wird".

Andere formulieren:
* „Der Verkehr im Hintergrund ist störend."
* „Es ist bedauerlich, dass man selbst in der Natur Wiens keinen ruhigen Rückzug findet."

Die ganze Thematik gipfelt in der Äußerung:
* „Wie halte ich es in dieser Stadt bloß aus?"

Weiterführende mit der Hörthematik verbundene Assoziationen sind selten, sie finden sich in Äußerungen wie:
- „Ich will eine Ente essen."
- „Wann kann ich schwimmen gehen?"

Abschweifende Assoziationen sind:
- „Was soll ich morgen anziehen?"
- „Was soll ich kochen?"

3. Station: Schwarzenbergplatz / Straßenbahn

Ähnlich wie beim Bahnhof dominieren auch hier negative Gefühlsäußerungen wie:
- „Es ist kalt."
- „Ich habe Kopfweh."
- „Ich habe Rückenschmerzen."
- „Ich habe Hunger."
- „Autofahren nervt."
- „Umweltverschmutzung"

Dies gipfelt in Aussagen wie:
- „Warum tut ihr mir das an?"

Daneben fallen auch abgestufte Reaktionen auf, die über ausgeglichene Äußerungen wie:
- „angenehmster Ort bisher"
- „der verschiedene Rhythmus der Geräusche"
- „gar nicht so unangenehm"
- „die Flüssigkeit des Geschehens"

... bis zu positiven Gedanken reichen wie:
- „Mein Lieblingsplatz"
- „Es ist sehr schön."

… ergänzt von Erinnerungen wie

- „Heimweg von der Schule"
- „Erste Fahrstunde"
- „Meine alte Schule".

Assoziationen, die eine positive Zuwendung zur Umgebung ausdrücken, sind:

- „schöne Gebäude"
- „Freiheit"
- „Europäische Hymne".

Nicht in unmittelbarem akustischem Zusammenhang mit der Umgebung stehen die Bemerkungen wie:

- „Ob ich in den McDonald's darf?"
- „Tee"
- „Ich will nach Deutschland / in die Schweiz."
- „Ich will spielen."
- „Alltag im Herbst"
- „Lange Nacht der Museen".

Sachbezogene Gedankenverbindungen drängen Gefühlsreaktionen zurück, stehen vielleicht für unterdrückte Emotionen:

- „Die neuen Straßenbahnen sind nicht so laut."
- „Hängt die Architektur wirklich mit der Lautstärke zusammen?"
- „Interessant, wie das ganze Verkehrssystem funktioniert." u. Ä.

4. Station: Brunnen

An dieser Station dominieren die Antworten mit positivem Gefühlshintergrund deutlich. Die Klangerlebnisse werden beschrieben als

- „angenehm"
- „Das Fließen des Wassers beruhigt."
- „Es ist sehr schön hier und idyllisch."

- „Es kommt einem vor, als wäre man in einer anderen Welt, wo nur du und der Brunnen sind und du alles andere nur verschwommen wahrnimmst."
- „Wieso kann der Wind mich nicht nach Hause tragen?"
- „Entspannung"
- „Das Wasser, es beruhigt meine Seele."
- „Alles, außer Stress."
- „Ich genieße die Wassertröpfchen, die meine Haut berühren."
- „Wasser, Sonne, Strand."

Erinnerungen werden geweckt, etwa an:
- „Paris"
- „einen römischen Brunnen",

... aber auch:
- „Es ist so geil hier."
- „Ich will schwimmen."
- „Die Celly in den Brunnen stoßen."

Diesen Assoziationen stehen solche mit negativen Gefühlstönungen gegenüber:
- „Alles Scheiße hier."
- „Zu laut, zu kalt, ich will nicht mehr."
- „Es stinkt."

Hunger und Durst werden häufig erwähnt, was situativ bedingt erscheint – der Besuch fand am späten Vormittag statt:
- „Ich kann mich nicht konzentrieren, das Wasser stört zu sehr."

Diese Aussage bildet einen Gegensatz zur Liebe zum Wasser, wie sie in den positiv gestimmten Gedanken zu Ausdruck kommt.

Auch an dieser Station werden Reaktionen provoziert, die eine intellektuelle Legierung der emotionalen Befindlichkeit darstellen:

- „Man könnte einen Roman schreiben über die Geräusche, die man an den Plätzen vernimmt, da es so viele sind."
- „Visuell sehr schön, aber viel zu laut."
- „Man Gehirn kann sich nicht entscheiden, ob es dem Brunnen oder dem Stadtverkehr lauschen soll."
- „Wie die Geräusche auf die Häuser wirken …"
- „Den Grundklang, wie das fließende Wasser, empfinde ich angenehmer als die einzelnen, hervortretenden Geräusche."

Sachfragen treten hin und wieder ebenfalls auf:
- „Wie viel Liter Wasser?"
- „Von wem ist diese Statue?"

Und ins Abstrakte gehend:
- „Die Zukunft des Lebens generell."
- „Gibt es eine höhere Macht?"
- „Das Leben und die Einsamkeit."

Abschweifende, nicht mit der Hörstation verbundene Gedanken gehen hin und wieder auch Einzelnen durch den Kopf:
- „Radiergummi"
- „Pizza"
- „Warum ist mein Pulli schmutzig?" u. Ä.

5. Station: Kirche

Der Besuch in der Station, die als „am wenigsten laut" wahrgenommen wird, löst trotz der großen Homogenität in der Lautstärkebeurteilung gegensätzliche Reaktionen aus, die sich in der freien Assoziation so niederschlagen:
- „Angenehm."
- „Die Stille"
- „Eine Erholung für die Ohren vom Lärm der Stadt"

* „Wärme“
* „Ich fühle mich geborgen.“
* „das Gefühl von etwas Geheimen“
* „Zeitlosigkeit“.

Daneben spielen ästhetische Empfindungen eine Rolle:
* „Schöne Glasfenster“
* „Wie schön die Kirche ist.“
* „Die schöne große Orgel“

Ein Teilnehmer fasst zusammen:
* „Toll ist es hier.“

Eine eigene Thematik entwickelt sich aus der Begegnung mit dem Sakralen:
* „Gedanken um den Glauben“
* „Gott“
* „Jesus“
* „Religion“
* „Nichtchristen“
* „Ich bete.“
* „das Heilige“
* „der innere Friede“
* „sich für Gott zu opfern“.

Eine interessante, in der vorliegenden Untersuchung einmalige Verknüpfung von Lautstärke und Moral enthält die Antwort, dass die Kirche durch das Setzen
* „moralischer Grenzen immer ruhig bleibt“.

Eine kleine Gruppe von 37 Personen (von insgesamt 532) bildet einen deutlichen Gegenpol zu den Assoziationen der Mehrheit. Sie verbinden mit dem Ort:

* „Gruselig“
* „Unheimlich“
* „Langeweile“
* „Angst“
* „Es fällt mir schwer, hier leise zu sein.“

Die Steigerung dieser ablehnenden Gefühle mündet in Äußerungen wie:
* „Ich bin mit Zwang reingegangen.“
* „Ich hasse Kirchen.“
* „Ich hasse Stille.“
* „Das verklemmte Schweigen.“

Vereinzelt treten auch Reaktionen auf, die sich ohne sichtbaren emotionalen Anteil auf rationaler Ebene abspielen:
* „Wie alt ist die Kirche?“
* „Ist das alles aus Gold?“
* „Wie haben die das gebaut?“
* „Geschichte in Bildern“
* „Wer hat das alles gemalt?“

Seltene, beziehungslose Assoziationen finden sich in Angaben wie:
* „McDonald’s“
* „Wieso wir noch Schule haben?“
* „Pizza“
* „Muss jetzt geputzt werden.“

Das Profil der Stationen

1. Station: Bahnhof Wien Mitte

Diese Station gehört zu den lauten Stationen, die vor allem von den Geräuschen der Züge dominiert wird. Der Differenzierungsgrad an Hörerlebnissen ist wegen des Vorherrschens dieser Geräuschbilder gering.

Die nüchterne räumliche Atmosphäre unterstützt sehr wahrscheinlich die unangenehme akustische Situation. Die Teilnehmer fühlen sich in ihrer großen Mehrzahl unwohl, eine deutlich körperliche Konversion ist bei deren Angaben erkennbar.

2. Station: Stadtpark

Diese Station gehört zu den leisen akustischen Landschaften. Die nicht nur an akustischen Umweltreizen reichere Umgebung als der Bahnhof führt zur größeren Bereitschaft, zu antworten und sich thematisch einzulassen.

Das Parkerlebnis schlägt sich in überwiegend angenehmen Gefühlen nieder, auch der Geräuschhintergrund wird in die positive Bewertung einbezogen. Es ist der schönere Teil Wiens, der hier erlebt wird.

Daran hindert auch der Teil der Einlassungen nicht viel, der die dauernd störende Geräuschkulisse im Hintergrund hervorhebt. Die Personen erleben die Störung der „Idylle" im Vordergrund und machen die angenehmen Parkerlebnisse zum Hintergrund: „Es ist bedauerlich, dass man selbst in der Natur Wiens keinen ruhigen Rückzug findet."

3. Station: Schwarzenbergplatz / Straßenbahn

Die Station ist die lauteste. Ähnlich wie beim Bahnhof dominieren hier die technischen Geräusche, hier sind es Autos, Straßenbahnen und Fiaker, die sie verursachen. Mit dem Bahnhof zusammen bildet diese Station eine gemeinsame akustische Landschaft. Es werden an beiden Orten ähnlich negative Gefühle geäußert, die sich auch hier zum Teil in körperlichem Unwohlsein ausdrücken und sich in kritischen Bemerkungen gegenüber der Umwelt niederschlagen.

Allerdings findet sich hier eine größere Gruppe als beim Bahnhof, die angenehme Dinge herausstellt. Der Schwarzenbergplatz führt zu einer großen Bandbreite von Anmerkungen. Den Teilnehmern gehen vielfältige Themen durch den Kopf: vom ablehnenden „Warum tut ihr mir das an?“ bis zu „Freiheit“ und „Europäische Hymne“.

4. Station: Schwarzenbergplatz / Brunnen

Diese Station positioniert sich bezüglich der Lautstärke wie auch erlebnismäßig zwischen den akustischen Landschaften Park / Kirche und Straßenbahn / Bahnhof. Auch hier stehen in der Mehrzahl positive Klangerlebnisse stark negativ gefärbten gegenüber.

Die Assoziationsvielfalt ist recht umfangreich, und vergleichsweise viele Äußerungen haben eine romantische Einfärbung. Es ist hauptsächlich das fließende Wasser, das die Charakteristik dieser Hörstation prägt. Es erinnert an Urlaub und weckt Entspannungsgefühle, der Brunnen wird zur Insel in der lärmenden akustischen Landschaft des Schwarzenbergplatzes stilisiert. Andere Teilnehmer erleben diese Situation gleichsam unter einem Belastungsdruck: Die Station ist zu kalt, zu laut, sie stinkt, das fließende Wasser stört beim Denken.

Es ist wie bei einer Kippfigur: Die einen nehmen das Idyllische wahr, die anderen erleben auf dem Hintergrund dieser Idylle die Beeinträchtigungen und heben diese heraus. Diese Kippsituation wird treffend von einem Teilnehmer ausgedrückt, der feststellt: „Mein Gehirn kann sich nicht entscheiden, ob es dem Brunnen oder dem Stadtverkehr lauschen soll.“

5. Station: Kirche

Die Kirche wird als der ruhigste Ort des Hörpfads erlebt. Von den meisten werden die Ruhe und die Stille dort auch als angenehm empfunden.

Die Stille, die das Hauptthema bildet, schränkt die Reaktionsfreudigkeit offensichtlich ein: Zur Kirche gibt es nur 380 Antworten. Das sind nur 51,7 % der Menge, die der lauteste Ort, die Station Schwarzenbergplatz / Straßenbahn, bekommen hat.

Die Themen kreisen um die Ruhe und Stille mit den Attributen von „Wärme" und „Geborgenheit", aber auch ästhetische Empfindungen, die sich auf die Schönheit der Kirche erstrecken, werden ausgelöst. Und das Sakrale, das „Heilige" wird assoziiert.

Bemerkenswert hebt sich davon die Gruppe der Teilnehmer ab, die sich von der Stille beeinträchtigt und sogar bedroht sehen und unverhohlen ihren „Hass" ausdrücken.

Stille stellt sich hier doppelgesichtig dar: als Möglichkeit der Sammlung, der inneren Ruhe und Sicherheit im Aufgehobensein in der Gemeinschaft – und andererseits als ein Zustand, der Angst, Wut und Hass auslösen kann. An keinem anderen Ort werden solche Kontraste so stark sichtbar.

Gestaltpsychologischer Exkurs

Zieht man zur theoretischen Analyse der hier angetroffenen Phänome die Gestaltgesetze heran, ergeben sich folgende Überlegungen:

Das für die Hörerlebnisse wichtigste Gesetz ist das Strukturgesetz, welches besagt, dass Wahrnehmung stets strukturiert ist. Einzelne Töne oder Mischungen verbinden sich zu Wahrnehmungsgestalten: Das Quietschen von Metall im Bahnhof wird als Bremsgeräusch einer Lokomotive und abgehoben von den Hintergrundgeräuschen erlebt, auch wenn die Lokomotive nicht gesehen wird. Das Hörerlebnis erhält eine eigene Qualität, wobei das Ganze mehr als die Summe seiner Teile ist.

Am deutlichsten erleben wir diese Gesetzmäßigkeit in der Musik: In einem Lied nehmen wir nie einzelne Töne war, sondern stets die Melodie, die Gestalt, der in einer Struktur zusammengefassten Töne.

Das zweite wichtige Gesetz besteht in der Bildung von Figur und Hintergrund, welches besagt, dass je nach Ausrichtung unserer Aufmerksamkeit und/oder Erfahrung Wahrnehmung strukturiert wird. Die bekannten Kippfiguren wie die Rubin'sche Vase oder Kontrastfiguren von Walter Ehrenstein sind im optischen Bereich bekannte Anschauungsobjekte.

Diese Phänomene lassen sich auch auf die akustischen Erlebnisse übertragen. Im Vergleich der Station des Hörpfads fällt z. B. der Bahnhof mit einer sehr deutlich ausgeprägten Figur-Hintergrund-Bildung auf: Die technischen Geräusche bilden eine klar abgegrenzte, deutliche Hörgestalt, die sich von der des Parks abhebt. Dort ist die Figur des Parkgeräuschs weniger stark, die Geräusche des fernen Stadtverkehrs bilden einen kräftigen Hintergrund. Die Frage nach dem Klang wird differenzierter als am Bahnhof beantwortet.

Setzt man nun Lautstärke und Klangerlebnis in Beziehung zueinander, wird eine Tendenz sichtbar, die besagt, dass die drei Variablen miteinander zusammenhängen. Mit steigender Lautstärke nehmen die Erlebnisqualität und die Differenzierung des Klangerlebnisses ab.

In Tabelle 3 auf Seite 89 wird dieser Zusammenhang ansatzweise erkennbar.

Was als laut oder leise empfunden wird, streut, wie Abbildung 6 deutlich zeigt, in einem für solche Erlebnisbereiche üblichem Maße. Was für den einen noch leise ist, ist für den anderen schon laut. Das Gesetz der Tendenz zur Mitte, die bevorzugt mittlere Erfahrungen dokumentieren lässt, wird hier sehr deutlich. Wenn es jedoch um die Bewertung, in diesem Fall um das Angenehme bzw. das Unangenehme dieses akustischen Erlebnisses geht, zeigt die Mehrheit mit großer Eindeutigkeit, dass mit zunehmender Lautstärke ebenso die Empfindung des Unangenehmen zunimmt. Dabei ist zu beachten, dass der Hörpfad keine für die Stadt unüblichen akustischen Situationen enthält, was bedeutet, dass die hier vorgefundenen Erlebnisrealitäten in einem alltäglichen akustischen Bezugssystem stattgefunden haben. Wenn dabei die Differenzierung von Wahrnehmung mit wachsender Lautstärke und Unwohlsein abnimmt, so bedeutet dies für die Fragestellung der Untersuchung, dass mit dem ansteigenden Lärmpegel in unseren Städten die Hörqualität von Jugendlichen zunehmend leidet. Leider reichen die verfügbaren Daten nicht aus, um diesen wichtigen Zusammenhang präziser erfassen zu können.

Wie aus den Beiträgen unter der Fragestellung „Was mir jetzt gerade durch den Kopf geht" ersichtlich wird, gibt es nur wenig ausschließlich für Jugendliche typische Assoziationen. In der großen Mehrzahl sind es Reaktionen, die auch von Erwachsenen erwartet werden können. Das erwachsene Begleitpersonal fällt deshalb auch statistisch in der Gesamtgruppe nicht auf.

Was sich in den knappen Äußerungen ausdrückt, sind Erlebnisgestalten, Bilder, die zum Teil die gesellschaftsüblichen Erlebnismuster enthalten. Der Stadtpark mit seinen romantischen Klischees oder der Brunnen sind hierfür Beispiele. Aber auch die dazu kontrastierenden Erlebnisse, die besonders stark in der Kirche sichtbar werden, weisen auf die Möglichkeiten der Wirkung von akustischen Einflüssen hin.

Hier wird das Ziel der Initiatoren des Projekts HIDS unmittelbar angesprochen: „All dieses und weitere Phänomene und Umstände […] brechen in besonders heftiger Form über die jugendlichen Mitglieder des großstädtischen Lebensraums herein:

Neben den technologie- und bevölkerungsdichtespezifischen lärmigen Belastungen des Alltags (‚zivilisatorischer Lärmdruck‘) stellen sie darüber hinaus just die primäre Zielgruppe bestimmter Marketingstrategien, der ‚Unterhaltungsindustrie‘, die zu massiven Lärmsteigerungen (Stichwort ‚loudness war‘) und damit einem eklatanten ‚Klangbewusstsein‘ beitragen.

Ziel unseres Projekts ist daher, auf die unhaltbare Situation auf breiter Front aufmerksam zu machen, den Lebensraum Stadt akustisch zu hinterfragen, über grundlegende im Zusammenhang mit Lärm stehende Phänomene und Folgeerscheinungen umfassend, nach wissenschaftlichen Kriterien und objektiv zu informieren, Auswege aufzuzeigen und ein neues Klangbewusstsein zu schaffen.“

Aus dem zweiten Absatz des Zitats muss sich nun der weitergehende Arbeitsauftrag entwickeln. Die Ergebnisse der Untersuchung zeigen, dass wir an dem Punkt angekommen sind, den Robert Koch bereits vor über 100 Jahren thematisierte:

„Eines Tages wird der Mensch den Lärm ebenso unerbittlich bekämpfen müssen wie die Cholera und die Pest.“ (Robert Koch [1843–1910], deutscher Mediziner und Mikrobiologe, Nobelpreisträger)

Nachwort

Für optimales Lernen müssen Kinder in der Lage sein, die Stimme der Lehrkraft gut zu verstehen. Doch Lärm im Klassenzimmer oder im Kindergarten, die Entfernung zwischen der Lehrkraft und den Kindern sowie Halligkeit erschweren die Verständigung in den Unterrichtsräumen, selbst für Kinder mit normalem Gehör. Dabei wollen die Pädagogen auch nicht die ganze Zeit über mit lauter Stimme reden müssen, um gehört zu werden.

Die DIN 18041 empfiehlt für Klassenräume eine maximale Nachhallzeit von 0,55 sec. Die Realität zeigt, dass die gewünschte Nachhallzeit von 0,55 sec in den wenigsten Klassenräumen umgesetzt wird: Teilweise gehen die Nachhallzeitwerte über 2 sec; bei Auswertungen wird deutlich, dass bei jedem dritten Klassenraum die akustischen Verhältnisse unzureichend sind (UK Hessen, 2005).

Schlechtes Sprachverstehen ist die Folge. Der VDI (2058) schreibt in Räumen, in denen vorwiegend geistige Tätigkeiten ausgeübt werden, einen Störschallpegel von höchstens 55 dB vor. Somit liegt der empfohlene Lärmpegel bereits 15 dB über den tatsächlichen Werten (Vergleich Messwerte 70 dB in Grundschulen). Um aber ein effektives Sprachverstehen und somit Lernen durch Hören (Kinder im Schulalter verbringen 75 % des Tages mit Aktivitäten, die mit Hören zu tun haben; Dahlquist, 1998) zu erreichen, ist jedoch ein Vorteil von 15 dB über dem Umgebungslärm notwendig – und dieses idealerweise an jedem Sitzplatz im Klassenraum.

Wie kann dieses in Regelschulen erreicht werden? Wie kann die stimmliche Belastung der Lehrkräfte reduziert werden? Wöchentlich fallen eine Million Unterrichtsstunden in Deutschland ersatzlos aus (Spiegel Online, 2012).

Deshalb wurden Dynamic SoundField-Beschallungssysteme entwickelt, um die Stimme der Lehrkraft zu verstärken. Dynamic SoundField-Systeme bestehen aus einem Mikrofon, das von der Lehrkraft getragen wird, und einer oder mehreren Klangsäulen, die die Stimme der Lehrkraft im Klassenzimmer oder im Kindergartenraum im sprachrelevanten

Bereich verstärken und gleichmäßig in den Raum verteilen. Dies erleichtert es den Kindern, die Stimme der Lehrkraft besser zu verstehen, und hilft zudem, ihre vorschulischen und schulischen Leistungen zu verbessern. Die vorgestellten Studien zeigen die klaren Vorteile des Dynamic SoundField-Beschallungssystems im pädagogischen Einsatz.

Martin Lützen
Hörgeräteakustiker und Dipl.-Ing. (FH)
für Hörtechnik und Audiologie,
Phonak GmbH

Marion Hermann-Röttgen
Geboren 1944, wohnhaft in Stuttgart

- 1. Studium: Mathematik, Philosophie und Literaturwissenschaft in Hamburg, Kiel, Tübingen und Stuttgart, Abschluss: Magister (MA) an der Universität Stuttgart
- 2. Studium: Sprecherziehung an der Staatlichen Hochschule für Musik und Darstellende Kunst in Stuttgart, Abschluss Staatsexamen
- Ausbildung zur Logopädin an der Staatlichen Schule für Logopädie der Caritasklinik Saarbrücken, Abschluss Diplom
- Promotion in vergleichender Literaturwissenschaft an der Universität Stuttgart zum Dr. phil.
- Sprachstudium in Perugia „Conoscenza della Lingua e Cultura Italiana"
- Seit 1975 Inhaberin des Institut FON für Therapie und Forschung mit logopädischen Praxen bei Stuttgart in Leonberg und Ditzingen
- Seit 2004 Professorin für Gesundheitswissenschaft und Logopädie an der IB-Hochschule Berlin
- Im Rahmen ihres Instituts betreut sie Forschungsaufträge der freien Industrie wie zum Beispiel der Firma Phonak GmbH, Novafon GmbH.
- Ihr Interesse gilt der Sprache aus jeder Sicht: künstlerisch, medizinisch und wissenschaftlich. Auf allen drei Gebieten liegen Publikationen vor.
- Mitgliedschaften: Landeskommission des Sozialamts BW für Hörgeschädigte, Arbeitsgemeinschaft Akustik Kommunikation interdisziplinär international (AAKii), Verein für Mutismus, FFF Förderverein Faciale Fehlbildungen

Gero Kerig
Geboren 1944, wohnhaft in Freudenstadt

- Studium der Psychologie und Promotion zum Dr. rer. nat. an der Universität Köln zum Thema „Leistungsmotivation und Risikoverhalten"
- Vorstandsvorsitzender der Bundesarbeitsgemeinschaft Jugendsozialarbeit
- Stellvertretender Vorsitzender des Vorstandes des Internationalen Bundes – IB – Freier Träger der Jugend, Sozial- und Bildungsarbeit e.V.
- Senior Consultant des Internationalen Bundes für die Hochschulen des IB
- Lehrbeauftragter an der DRK-Bundesschule für Psychologie und an der Hochschule des Internationalen Bundes für Pädagogik, Psychologie, Ethik und Diversity
- Psychologische Praxis in Freudenstadt mit den Schwerpunkten Gesprächs- und Verhaltenstherapie sowie Coaching
- Gründung des Instituts für empirische Psychologie in Freudenstadt
- Mitglied der Arbeitsgemeinschaft Akustik Kommunikation interdisziplinär international (AAKii)

Maximilian Köper
Geboren 1988, wohnhaft in Ostfildern bei Stuttgart

- Bachelor of Science im Studiengang „Maschinelle Sprachverarbeitung" an der Universität Stuttgart, 2013
- Master of Science (englischsprachig) im Studiengang „Computational Linguistics", 2014. Das Thema der Arbeit lautete: „Comparing Context-Predicting and Context-Counting Word Representations for Similarity across Words and Relations".
- Parallel zum Studium Tätigkeit als Studentische Hilfskraft im Projekt „Distributional Approaches to Semantic Relatedness"
- Werkstudent bei Sony (Stuttgart Technology Center)
- Seit 2014 ist Maximilian Köper Doktorand an der Universität Stuttgart im Studiengang „Maschinelle Sprachverarbeitung".
- Sein Forschungsinteresse gilt generell dem Phänomen Sprache. Innerhalb der Computerlinguistik liegt seine Arbeit im Bereich der „Distributionellen Semantik".

Florian Krieger
Geboren 1982, wohnhaft in Siegburg

- Ausbildung zum Hörakustik-Gesellen bei der Firma Köttgen Hörakustik in Köln, 2008
- Bachelor of Science im Studiengang Hörakustik an der Fachhochschule Lübeck mit dem Thema „Studie zum Nutzen von Soundfield-Systemen in Grundschulklassenräumen", 2011
- Schwerpunkte des Studiums Projektmanagement, Managementsysteme und Betriebsorganisation
- Praxissemester bei Phonak GmbH für eine Studie über Soundfield Systeme
- 2011 Mitarbeiter bei MED-EL Deutschland GmbH im Bereich der Hör-implantate

Edition Amici Essay

Alf Hermann	Doch alle Kunst will Ewigkeit Acht Essays über Bilder
Alf Hermann	Noch einmal nachgedacht Essay über sieben letzte Fragen
Krisztina Jütten	Farben der Geschichte. Im Gespräch mit der Künstlerin Sabine Hoffmann

Edition Amici Drama

Helmut Landwehr Romanzero. Disparates

Edition Amici Prosa

Marion Röttgen	Kindheiten – Kurzgeschichten
Marion Röttgen	Schlimme Geschichten

Edition Amici Studien

Hanns Frericks Kant und seine Relevanz für ethische Probleme der Gegenwart

Denny Paulicke Was ist Gesundheit?

Marion Röttgen / Gero Kerig / Hans-Peter Meier-Dallach (Hrsg.)
Gesundheitsbilder im Stadtquartier

Reinhard Steiner (Hrsg.)
Ornament und Klang
Herwarth Röttgen zum 80. Geburtstag

Marion Hermann-Röttgen / Gero Kerig (Hrsg.)
Besser hören – besser zuhören – besser lernen

Hanns Frericks Was ist ein guter Roman?